图形设计技术与应用案例解析

吕品品 编著

U0362271

清华大学出版社

北京

内 容 简 介

本书内容以案例为引导，以理论做铺垫，以实战为目标，全面系统地讲解了图形设计的方法与技巧。书中用通俗易懂的语言、图文并茂地对Illustrator在图形设计中的应用进行了全面细致的剖析。

全书共10章，遵循由浅入深、从基础知识到案例进阶的学习规律，对图形设计基础、入门操作、基本图形的绘制、路径的绘制与编辑、颜色填充与描边、对象的调整与变换、文本的编辑与应用、图表的编辑与应用以及效果的编辑与应用等内容进行了逐一讲解，最后介绍了具有同样功能的可协同软件——CorelDRAW。

本书结构合理、内容丰富、易学易懂，既有鲜明的基础性，也有很强的实用性。本书既可作为高等院校相关专业学生的教学用书，也可作为培训机构以及图形设计爱好者的参考用书。

图书在版编目（CIP）数据

图形设计技术与应用案例解析 / 吕品品编著. —北京：清华大学出版社，2023.10
ISBN 978-7-302-64757-7

Ⅰ.①图… Ⅱ.①吕… Ⅲ.①图形软件 Ⅳ.①TP391.412

中国国家版本馆CIP数据核字（2023）第193944号

责任编辑：李玉茹
封面设计：杨玉兰
责任校对：鲁海涛
责任印制：沈　露

出版发行：清华大学出版社
　　　　网　　　址：https://www.tup.com.cn，https://www.wqxuetang.com
　　　　地　　　址：北京清华大学学研大厦A座　　　　邮　　编：100084
　　　　社 总 机：010-83470000　　　　　　　　　　邮　　购：010-62786544
　　　　投稿与读者服务：010-62776969，c-service@tup.tsinghua.edu.cn
　　　　质 量 反 馈：010-62772015，zhiliang@tup.tsinghua.edu.cn
　　　　课 件 下 载：https://www.tup.com.cn，010-62791865
印 装 者：三河市龙大印装有限公司
经　　销：全国新华书店
开　　本：185mm×260mm　　　印　　张：16.5　　　字　　数：401千字
版　　次：2023年12月第1版　　　　　　　　　　印　　次：2023年12月第1次印刷
定　　价：79.00元

产品编号：102131-01

前　言

　　图形设计是区别于语言和文字的说明性的图画形象，是可以通过各种方法进行复制，并通过各种媒体进行传播的视觉形式。Illustrator是Adobe公司旗下一款功能非常强大的矢量图形设计软件，主要用于处理精细的矢量图形，在平面设计、包装设计、网页设计等领域被广泛应用，其操作简便、易上手，深受广大设计爱好者与专业从事设计的工作人员的喜爱。

　　Illustrator软件除了在图形设计方面展现出其强大的功能性和优越性外，在软件协作性方面也体现出了它的优势。设计者可将用Illustrator设计好的矢量图形导入Photoshop、CorelDRAW等设计软件做进一步的完善和加工；同时，也可将PDF、JPG等格式的文件导入Illustrator软件进行编辑，从而节省用户制图的时间，提高了设计效率。

　　随着软件版本的不断升级，目前Illustrator软件技术已逐步向智能化、人性化、实用化方向发展，旨在帮助设计师将更多的精力和时间用在设计创新上，以便为大家呈现更完美的设计作品。

　　党的二十大精神贯穿"素养、知识、技能"三位一体的教学目标，从"爱国情怀、社会责任、法治思维、职业素养"等维度落实课程思政；提高学生的创新意识、合作意识和效率意识，培养学生精益求精的工匠精神，弘扬社会主义核心价值观。

内容概要

　　全书共分10章，各章内容如下。

章　节	主要内容	计划学习课时
第1章	主要介绍了图形设计的相关知识、图形设计的应用范围、图形设计的应用软件以及图形设计在行业中的应用等内容	★☆☆
第2章	主要介绍了Illustrator主页界面、工作界面、文档的基础操作、图形设计辅助工具、图形对象的显示调整等内容	★★☆
第3章	主要介绍了线段、网格、几何形状的绘制方法，用Shaper工具、形状生成器工具构建新形状，以及形状编辑调整工具的使用方法等内容	★★★
第4章	主要介绍了用钢笔工具、画笔工具等绘制路径，用平滑工具、连接工具等调整路径，以及使用调整命令编辑路径对象等内容	★★★
第5章	主要介绍了纯色填充、描边、渐变填充、网格填充以及实时上色的方法等内容	★★★
第6章	主要介绍了对象的选择、对象的显示调整、对象的变形与变换，以及混合工具、封套扭曲、图像描摹的使用方法等内容	★★★
第7章	主要介绍了文本的创建方法，字符、段落的设置方法等内容	★★☆
第8章	主要介绍了图表的创建与编辑方法等内容	★★☆

（续表）

章　节	主要内容	计划学习课时
第9章	主要介绍了Illustrator效果、Photoshop效果以及调整对象外观与样式的方法等内容	★★★
第10章	主要介绍了CorelDRAW的工作界面、文档的创建与设置、对象的编辑、图形的绘制与填充以及特效与效果的添加等内容	★★★

选择本书的理由

本书采用"案例解析 + 理论讲解 + 课堂实战 + 课后练习 + 拓展赏析"的结构形式进行编写，内容由浅入深，循序渐进，可让读者带着疑问去学习知识，并在实战应用中激发读者的学习兴趣，具体特点如下。

（1）专业性强，知识覆盖面广。

本书主要围绕图形设计行业的相关知识点展开讲解，并对不同类型的案例进行解析，让读者了解并掌握设计行业的一些设计原则与绘图要点。

（2）带着疑问学习，提升学习效率。

本书先对案例进行解析，然后再针对案例中的重点工具进行深入讲解，让读者带着问题去学习相关的理论知识，从而有效提升学习效率。此外，本书所有的案例都是经过精心设计的，读者可将这些案例应用到实际工作中。

（3）行业拓展，以更高的视角看行业发展。

本书在每章结尾部分都安排了"拓展赏析"板块，旨在让读者掌握本章相关技能后，还可以了解行业中一些有意思的设计方案及设计技巧，帮助读者开拓思维。

（4）多软件协同，呈现完美作品。

一份优秀的设计方案通常是由多款软件共同协作完成的，图形设计也不例外。在编写本书时，添加了CorelDRAW软件协作章节，让读者在完成图形元素的初步设计后，能够结合CorelDRAW软件制作出更精美的设计效果图。

本书的读者对象

- 从事平面设计的工作人员
- 高等院校相关专业的师生
- 培训机构中学习平面设计的学员
- 对平面设计有着浓厚兴趣的爱好者
- 希望掌握更多技能的办公室人员

本书由吕品品编写。在编写过程中力求严谨细致，但由于能力与精力有限，疏漏之处在所难免，望广大读者批评、指正。

编　者

素材文件

课件、教案、视频

目 录

第 1 章　零基础学图形设计

图形设计

第2章 入门操作很关键

第3章 基本图形的绘制

第4章 路径的绘制与编辑

第5章 颜色填充与描边

第 **6** 章 对象的调整与变换

第7章 文本的编辑与应用

第8章 图表的编辑与应用

第9章 效果的编辑与应用

第10章 软件联合之 CorelDRAW

图形设计

10.1 基础知识详解 ······················ 209

第1章

零基础学图形设计

内容导读

　　本章将针对零基础的学员讲解图形设计的相关知识。通过本章的学习，学员可了解图形设计常用术语、色彩模式、色彩搭配、图像文件格式等相关知识，熟悉图形设计的应用范围，最后力争掌握图形设计的应用软件。

思维导图

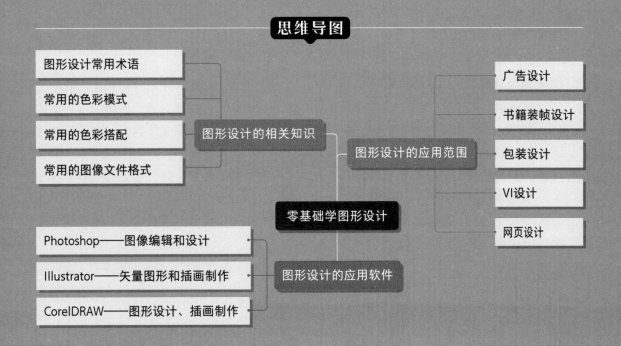

1.1 图形设计的相关知识

在正式学习Illustrator软件之前，首先要对图形设计的相关知识有所了解，包括图形设计常用术语、常用的色彩模式、常用的色彩搭配以及常用的图像文件格式等。

1.1.1 图形设计常用术语

了解一些与图像处理息息相关的常用术语，才能更好地学习使用Illustrator软件进行图形绘制与编辑的方法。

1. 像素

像素是构成图像的最小单位，是图像的基本元素。若把影像放大数倍，就会发现连续色调其实是由许多色彩相近的小方点所组成的，如图1-1所示。这些小方点就是构成影像的最小单位——像素（pixel）。图像像素点越多，色彩信息越丰富，效果就越好，如图1-2所示。

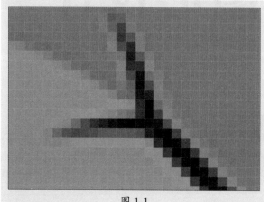

图 1-1

图 1-2

2. 分辨率

分辨率在数字图像的显示及打印等方面起着至关重要的作用，常以"宽×高"的形式来表示。一般情况下，分辨率分为图像分辨率、屏幕分辨率以及打印分辨率。

- **图像分辨率：** 图像分辨率通常用"像素/英寸"表示，指图像中每单位长度含有的像素数目，如图1-3所示。分辨率高的图像比相同打印尺寸的低分辨率图像包含更多的像素，因而图像会更加清楚、细腻。但是分辨率越高，图像文件越大，在进行处理时所需的内存越大，CPU处理时间也就越多。
- **屏幕分辨率：** 指屏幕显示的分辨率，即屏幕上显示的像素个数。常见的屏幕分辨率有1920px×1080px、1600px×1200px、640px×480px。在屏幕尺寸一样的情况下，分辨率越高，图像显示效果就越精细、细腻。在计算机的显示设置中有推荐的显示分辨率，如图1-4所示。
- **打印分辨率：** 指激光打印机（包括照排机）等输出设备产生的每英寸油墨点数（dpi）。大部分桌面激光打印机的分辨率为300～600dpi，而高档的激光打印机（或照排机）能够以1200dpi或更高的分辨率进行打印。

宽度(D):	297.01	毫米 ∨
高度(G):	209.97	毫米 ∨
分辨率(R):	300	像素/英寸 ∨

图 1-3

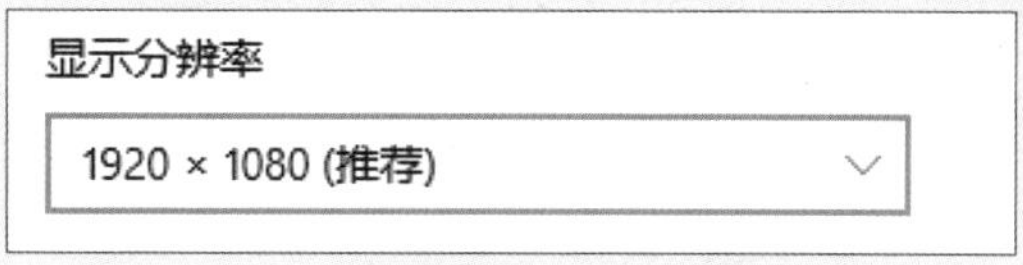

显示分辨率

1920 × 1080 (推荐)　　　　∨

图 1-4

③. 矢量图形

　　矢量图形又称为向量图形，内容以线条和颜色块为主，如图1-5所示。

图 1-5

　　由于矢量图形线条的形状、位置、曲率和粗细都是通过数学公式进行描述和记录的，因而其与分辨率无关。它能以任意大小输出，不会遗漏细节或降低清晰度，放大后也不会出现锯齿状的边缘，如图1-6所示。

图 1-6

④. 位图图像

　　位图图像又称为栅格图像，由像素组成。每个像素点被分配一个特定位置和颜色值，按一定次序进行排列后，就组成了色彩斑斓的图像，如图1-7所示。

图 1-7

当把位图图像放大到一定程度时，在计算机屏幕上就可以看到一个个的小色块，如图1-8所示。这些小色块就是组成图像的像素。位图图像通过记录每个点（像素）的位置和颜色信息来保存图像，因此，图像的像素越多，每个像素的颜色信息越多，图像文件也就越大。

图 1-8

1.1.2　常用的色彩模式

常见的色彩模式有四种，即RGB、CMYK、HSB以及Lab。Illustrator中主要用到的色彩模式为RGB和CMYK。

1. RGB 模式

RGB模式为一种加色模式，是最基本、使用最广泛的一种色彩模式。绝大多数可视性光谱，都是通过红色、绿色和蓝色这三种色光的不同比例和强度的混合来表示的。在RGB模式中，R（red）表示红色，G（green）表示绿色，B（blue）表示蓝色。在这三种颜色的重叠处，可以产生青色、洋红色、黄色和白色。

2. CMYK 模式

CMYK模式为一种减色模式，也是Illustrator默认的色彩模式。在CMYK模式中，C（cyan）表示青色，M（magenta）表示洋红色，Y（yellow）表示黄色，K（black）表示黑色。CMYK模式是通过反射某些颜色的光并吸收另外一些颜色的光而产生各种不同的颜色。

3. HSB 模式

HSB模式是人眼对色彩直觉感知的色彩模式，主要以人们对颜色的感觉为基础，描述了颜色的三种基本特性，即HSB，其中，H（hue）表示色相，S（saturation）表示饱和度，B（brightness）表示亮度。

4. Lab 模式

Lab模式是国际照明委员会（CIE）制订的一套标准，是最接近真实世界颜色的一种色彩模式。其中，L表示亮度，取值范围是0～100；a表示由绿色到红色的范围，b代表由蓝色到黄色的范围，a和b的取值范围是-128～+127。该模式解决了不同显示器和打印设备所造成的颜色差异的问题。这种模式不依赖于设备，是一种独立于设备的颜色模式，不受任何硬件性能的影响。

1.1.3　常用的色彩搭配

色彩作为设计的灵魂，是设计过程中最重要的元素。

1. 色彩中的三原色

- **色光三原色**：红色、绿色、蓝色。
- **颜料三原色**：红色、黄色、蓝色。
- **印刷三原色**：青色、品红、黄色。

2. 色彩的三大属性

- **色相**：色相是色彩所呈现出来的质地面貌，主要用于区分颜色。在360°的标准色轮上，可按位置度量色相。通常情况下，色相是以颜色的名称来识别的，如红色、黄色、绿色等，如图1-9所示。

图 1-9

- **明度**：明度是指色彩的明暗程度。通常情况下，明度的变化有两种，一是不同色相之间的明度变化，二是同色相的不同明度变化，如图1-10所示。在有彩色系中，明度最高的是黄色，明度最低的是紫色，红色、橙色、蓝色、绿色属于中明度。在无彩色系中，明度最高的是白色，明度最低的是黑色。若想提高色彩的明度，可以加入白色，反之，加入黑色即可。

图 1-10

- **纯度**：纯度是指色彩的鲜艳程度，也称彩度或饱和度。纯度是色彩感觉强弱的标志，其中，红色、橙色、黄色、绿色、蓝色、紫色等的纯度较高。图1-11所示为红色的不同纯度。无彩色系中黑色、白色、灰色的纯度几乎为零。

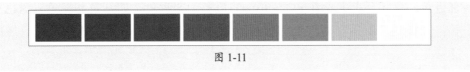

图 1-11

3. 色相环

色相环是以红色、黄色、蓝色三色为基础，经过三原色的混合产生间色、复色，彼此都呈一个等边三角形的状态。色相环分为6～72色，以12色环为例，其主要由原色、间色、复色、冷暖色、类似色、邻近色、对比色、互补色组成，下面进行具体的介绍。

- **原色**：指色彩中最基础的三种颜色，即红色、黄色、蓝色。原色是其他颜色混合不出来的，如图1-12所示。
- **间色**：又称第二次色，由三原色中的任意两种原色相互混合而成，如图1-13所示。

例如，红色+黄色=橙色，黄色+蓝色=绿色，红色+蓝色=紫色，三种原色混合可以得到黑色。

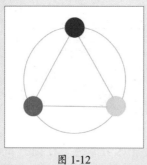

图 1-12

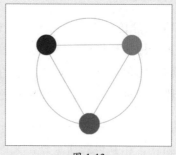

图 1-13

- **复色：** 又称第三次色，由原色和间色混合而成，如图1-14。复色的名称一般由两种颜色组成，如黄绿色、黄橙色、蓝紫色等。
- **冷暖色：** 色相环中的颜色，根据感官对色彩的冷暖感觉可分为暖色、冷色与中性色，如图1-15所示。暖色有红色、橙色、黄色，给人以热烈、温暖之感；冷色有蓝色、蓝绿色、蓝紫色，给人以距离、寒冷之感；中性色是指介于冷暖色之间的颜色，如紫色和黄绿色。

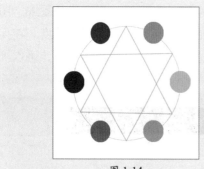

图 1-14

图 1-15

- **类似色：** 色相环上夹角在60°以内的色彩为类似色，如红橙色和黄橙色、蓝色和紫色，如图1-16所示。类似色的色相差异不大，常给人统一、稳定的感觉。
- **邻近色：** 色相环上夹角在60°～90°的色彩为邻近色，如红色和橙色、绿色和蓝色等，如图1-17所示。邻近色的色相近似，和谐统一，可以给人舒适、自然的视觉感受。

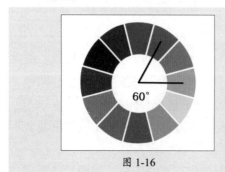

图 1-16

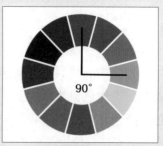

图 1-17

- **对比色**：色相环上夹角在120°左右的色彩为对比色，如紫色和黄橙色、红色和黄色等，如图1-18所示。对比色可使画面具有层次感，对比越鲜明，画面越醒目。
- **互补色**：色相环上夹角为180°的色彩为互补色，如红色和绿色、蓝紫色和黄色等，如图1-19所示。互补色有强烈的对比效果。

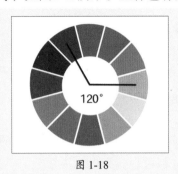

图 1-18

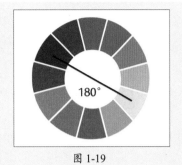

图 1-19

4. 配色原则

在色彩搭配中，占据面积最大和最突出的色彩为主色。主色奠定了整幅画面的色彩基调，占比达60%～70%；仅次于主色，起到补充作用的是副色，也称辅助色，可使整个画面更加饱满，占比为25%～30%；最后一个为点缀色，点缀色不止一种，可以使用多种颜色，主要是起到画龙点睛与引导的作用，占比为5%～10%。图1-20所示为主色、辅助色和点缀色百分比表示效果图。

| 主色 | 点缀色 | 辅助色 |

图 1-20

5. 配色技巧

下面介绍几个配色设计的小技巧。

- **无色设计**：使用无彩色系的黑色、白色、灰色进行搭配。
- **单色配色**：对同一种色相进行纯度、明度变化的搭配，形成明暗变化，给人一种协调统一的感受。
- **原色配色**：使用红色、黄色、蓝色进行搭配。
- **二次色配色**：使用绿色、紫色、橙色进行搭配。
- **三次色三色搭配**：使用红橙色、黄绿色、蓝紫色或者蓝绿色、黄橙色、红紫色两种组合中的一种，在色相环上相邻颜色之间的距离相等。
- **中性搭配**：加入一种颜色的补色或黑色，使色彩消失或中性化。
- **类比配色**：在色相环上任选三种连续的颜色。
- **冲突配色**：确定一种颜色后，和其补色左右两边的色彩搭配使用。
- **分裂补色配色**：确定一种颜色后，和其补色的任一边搭配使用。
- **互补配色**：使用色相环上的互补色进行搭配。

1.1.4 常用的图像文件格式

文件格式是指使用或创作的图形、图像的格式，不同的文件格式拥有不同的使用范围。在图形设计软件中，常用的文件格式如下。

- **Adobe Illustrator（*.AI）：** AI格式是Illustrator软件创建的矢量图格式。AI格式的文件可以直接在Photoshop软件中打开，打开后的文件将转换为位图格式。

- **Adobe PDF（*.PDF）：** PDF格式是Adobe公司开发的一种跨平台的通用文件格式，能够保存任何源文件的字体、格式、颜色和图形，而不管创建该文档所使用的应用程序和平台。Adobe Illustrator、Adobe PageMaker和Adobe Photoshop程序都可直接将文件存储为PDF格式。

- **EPS（*.EPS）：** EPS是Encapsulated PostScript首字母的缩写，是一种通用的行业标准格式。除了多通道模式的图像之外，其他模式都可存储为EPS格式，但EPS不支持Alpha通道。EPS格式支持剪贴路径，可以产生镂空或蒙版效果。

- **SVG（*.SVG）：** SVG意为可缩放矢量图形，该格式是基于可扩展标记语言（标准通用标记语言的子集），用于描述二维矢量图形的一种图形格式。它由万维网联盟制定，是一个开放标准。

- **TIFF（*.TIFF）：** TIFF格式是印刷行业标准的图像格式，通用性很强，几乎所有的图像处理软件和排版软件都对其提供了很好的支持，广泛用于程序之间和计算机平台之间进行图像数据交换。TIFF格式支持RGB、CMYK、Lab、索引颜色、位图和灰度颜色模式，并且在RGB、CMYK和灰度3种颜色模式中支持使用通道、图层和路径。

- **Photoshop（*.PSD）：** PSD格式是Photoshop软件内定和默认的格式。PSD格式是唯一可支持所有图像模式的格式，并且可以存储在Photoshop中创建的所有图层、通道、参考线、注释和颜色模式等信息，这样下次继续进行编辑时就会非常方便。因此，对于没有编辑完成、下次需要继续编辑的文件最好保存为PSD格式。

- **GIF（*.GIF）：** GIF格式也是一种通用的图像格式。在保存图像为GIF格式之前，需要将图像转换为位图、灰度或索引颜色等颜色模式。GIF格式采用两种保存格式：一种为"正常"格式，可以支持透明背景和动画格式；另一种为"交错"格式，可以让图像在网络上以模糊逐渐转为清晰的方式显示。

- **JPEG（*.JPEG）：** JPEG格式是一种高压缩比的、有损压缩真彩色图像文件格式，其最大特点是文件比较小。JPEG格式可以进行高倍率的压缩，因而在注重文件大小的领域应用广泛，它是压缩率最高的图像格式之一。由于JPEG格式在压缩保存的过程中会以失真最小的方式丢掉一些肉眼不易察觉的数据，所以保存后的图像与原图像会有所差别，在印刷、出版等高要求的场合不宜使用。

- **BMP（*.BMP）：** BMP格式是Windows平台的标准位图格式，使用非常广泛。BMP格式支持RGB、索引颜色、灰度和位图等颜色模式，但不支持CMYK颜色模式和Alpha通道。保存位图图像时，可选择文件的格式和颜色深度（1~32位），对于

4～8位颜色深度的图像，可选择RLE压缩方案。这种压缩方式不会损失数据，是一种非常稳定的格式。

- PNG（*.PNG）：PNG格式可以保存24位的真彩色图像，并且支持透明背景和消除锯齿边缘的功能，可以在不失真的情况下压缩保存图像。但由于并不是所有的浏览器都支持PNG格式，所以该格式的使用范围没有GIF和JPEG格式广泛。PNG格式在RGB和灰度颜色模式下支持Alpha通道，但在索引颜色和位图模式下不支持Alpha通道。

1.2　图形设计的应用范围

Illustrator在矢量图绘制领域是无可替代的一款软件，利用该软件可以绘制标志、VI、广告、插画等，同时可以支持用矢量图创作的一切应用类别，也可以用来创建作品中使用到的一些小的矢量图形。

1.2.1　广告设计

广告设计是将广告的主题、创意、语言文字、形象、衬托等五个要素进行构成组合安排。广告设计的最终目的是通过广告来吸引观众的眼球。Illustrator可以应用于平面设计中的很多类别，如广告设计、海报设计、标志设计、POP设计等，都可以使用该软件直接制作或配合创作。广告设计包括二维广告、三维广告、媒体广告、展示广告等诸多广告形式。图1-21、图1-22所示为不同风格的广告。

图 1-21

图 1-22

1.2.2　书籍装帧设计

书籍装帧设计是指从书籍文稿到成书出版的整个设计过程，也是书籍完成从平面化到立体化的过程，它包含了艺术思维、构思创意和技术手法的系统设计，包括书籍的开本、装帧形式、封面、腰封、字体、版面、色彩、插图，以及纸张材料、印刷、装订、工艺等各个环节的艺术设计。图1-23、图1-24所示分别为不同书籍的设计效果。

图 1-23

图 1-24

操作提示

在书籍装帧设计中，只有完成整体设计，才能称为装帧设计或整体设计；若只是完成封面或版式等部分设计，则只能称作封面设计或版式设计等。

1.2.3　包装设计

包装设计是指选用合适的包装材料，运用巧妙的工艺手段，为商品进行的容器结构造型和包装的美化装饰设计。一个优秀的包装设计，是造型设计、结构设计、装潢设计三者的有机统一。

- **包装造型设计**：又称形体设计，多指包装容器的造型。它运用美学原则，通过形态、色彩等因素的变化，将具有包装功能且外观精美的包装容器造型，以视觉形式表现出来。
- **包装结构设计**：从包装的保护性、方便性、复用性等基本功能和生产实际条件出发，依据科学原理对包装的外部和内部结构进行具体构思而得到的设计。
- **包装装潢设计**：以图案、文字、色彩、浮雕等艺术形式，突出产品特色和形象，力求造型精巧、图案新颖、色彩明朗、文字鲜明，以装饰和美化产品。

图1-25、图1-26所示分别为不同产品的包装效果。

图 1-25

图 1-26

1.2.4 VI设计

VI（Visual Identity）即视觉识别系统。VI设计不仅要针对企业来做视觉识别，也包含产品品牌设计、连锁店铺形象设计、旅游景区的视觉导视系统等，是静态识别符号的具体化、视觉化的传达形式，它的项目最多，层面最广，效果更直接，包含在CIS（企业形象识别系统）中。VI主要分为基本要素系统和应用系统。

- **基本要素系统**：如企业名称、企业标志、企业造型、标准字、标准色、象征图案、宣传口号等。
- **应用系统**：如产品造型、办公用品、企业环境、交通工具、服装服饰、广告媒体、招牌、包装系统、公务礼品、陈列展示以及印刷出版物等。

图1-27、图1-28所示分别为不同的VI设计。

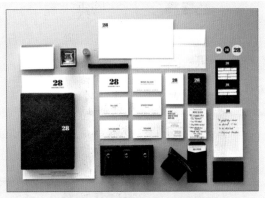

图 1-27   图 1-28

1.2.5 网页设计

网页设计是根据企业希望向浏览者传递的信息（包括产品、服务、理念、文化）进行网站功能策划，然后进行的页面美化工作。作为企业对外宣传物料的其中一种，精美的网页设计，对于提升企业的互联网品牌形象至关重要。专业的网页设计，需要经历以下几个阶段。

（1）对消费者的需求、市场的状况、企业自身的情况等进行综合分析，建立营销模型。

（2）以业务目标为中心进行功能划分，制作出栏目结构关系图。

（3）以满足用户体验设计为目标，使用axurerp或同类软件进行页面策划，制作出交互用例。

（4）以页面精美化设计为目标，使用Photoshop、Illustrator等软件进行调整，使用更合理的颜色、字体、图片、样式进行页面设计美化。

（5）根据用户反馈进行页面设计调整，以达到最优效果。

图1-29、图1-30所示为不同类型的网页设计。

图 1-29

图 1-30

1.3　图形设计的应用软件

在计算机绘图领域中，绘图软件被分成两大类：一类是以数学方法表现图形的矢量图形制作软件，其中以CorelDRAW、Illustrator为代表；另一类是以像素来表现图像的位图处理软件，其中以Photoshop为代表。

1.3.1 Photoshop——图像编辑和设计

Adobe Photoshop是集图像扫描、编辑修改、动画制作、图像设计、广告创意、图像输入与输出于一体的图形图像处理软件。从社交媒体到修饰图片，从设计横幅到美化网站，从日常影像编辑到从零创作，无论是什么创作，Photoshop都能让它变得更好。图1-31所示为Photoshop 2022软件图标。

图 1-31

1.3.2 Illustrator——矢量图形和插画制作

Adobe Illustrator是一款专业的图形设计工具，无论是从事印刷出版的设计者、专业插画家、多媒体图像的艺术家，还是网页或在线内容的制作者，都会发现Illustrator不仅仅是一个艺术产品制作工具，它还能适合从小型设计到大型复杂设计的大部分项目应用。图1-32所示为Illustrator 2022软件图标。

图 1-32

1.3.3 CorelDRAW——图形设计、插画制作

CorelDRAW是Corel公司推出的一款集矢量图形设计、印刷排版、文字编辑处理和图形高品质输出于一体的平面设计软件，主要用于制作插图、图像、标志、简报、彩页、手册、产品包装、标志、网页，等等。图1-33所示为CorelDRAW 2021软件图标。

图 1-33

1.4 图形设计在行业中的应用

图形设计是设计的基础，其主要功能是传播信息，被广泛运用至图表、标志、符号、包装、杂志、广告、摄影等众多领域。

1.4.1 图形设计对应的岗位和行业概况

掌握图形设计理论和操作技能，可以在广告公司、互联网公司、室内装潢公司、网络科技公司、电商平台、企事业单位等从事广告策划设计与制作、平面宣传设计、插画设计、室内装饰设计、网站设计、淘宝美工、UI设计等工作。

1.4.2 如何快速适应岗位或行业要求

新员工进入公司工作后，要端正态度，积极主动地融入新环境中。

- 尽快熟悉公司的各种规章制度并严格遵守。
- 以最快的速度熟悉岗位工作内容、工作流程。
- 尽快熟悉公司直属领导和同事，做好对接工作。
- 脚踏实地，端正态度，善于反馈，切勿耍小聪明应付工作。
- 保持学习的习惯，不耻下问，积极提升自我素养。

在此以平面设计类工作为例进行说明，这类工作常见的任职要求和岗位职责如下。

1）任职要求

提前了解任职要求，让自己能够正确对待工作。

- 有独立完成整个设计的能力。
- 具备良好的专业技能，富有创造力和想象力，具有完美主义精神。
- 对视觉设计、色彩有敏锐的观察力及分析能力，对流行趋势高度敏感。
- 工作积极主动，有高度的责任心和团队合作精神，以及良好的沟通能力。
- 精通平面设计类软件，如Photoshop、Illustrator、InDesign等。
- 有一定的文案创作能力，对于平面设计有独特的见解，手绘能力优秀。

2）岗位职责

明确岗位职责，做好自己的本职工作。

- 负责公司日常宣传品的设计、制作与创新。
- 协助其他部门顺利完成产品的设计及美化工作，如确定公司网站风格和搭配色彩、合理化版面、整理图片、处理公司Logo等。
- 积极与客户沟通，保证各种平面项目的质量和时效，并完成验收。
- 运用自己的行业背景和知识，在设计和生产中有效控制支出。
- 有团队合作精神，有较强的上进心，能承受工作所带来的压力。
- 态度良好，能不断提高自己的设计水平，以满足公司日益发展的需求。

课堂实战 后期印刷相关知识储备

本章课堂实战主要是对设计稿后期的输出进行介绍。所谓印刷，即将文字、图画、照片等原稿，经制版、施墨、加压等工序，使油墨转移到纸张、织品、皮革等材料的表面，以批量复制原稿内容的技术。印刷有多种形式，较常见的有传统胶印、丝网印刷和数码印刷等。

1. 印刷流程

印刷主要分为印前、印中、印后三个阶段。

- **印前：** 指印刷前期的工作，一般指摄影、设计、制作、排版、输出菲林、打样等。
- **印中：** 指印刷中期的工作，即通过印刷机印刷出成品的过程。
- **印后：** 指印刷后期的工作，一般指印刷品的后加工，包括过胶（覆膜）、过UV、过油、烫金、装裱、装订、裁切等。

2. 印刷要素

印刷的三大要素分别是纸张、颜色和后加工。

- **纸张：** 纸张一般分为涂布纸和非涂布纸。涂布纸一般指铜版纸（光铜）和亚粉纸（无光铜），多用于彩色印刷；非涂布纸一般指胶版纸、新闻纸，多用于信纸、信封和报纸。
- **颜色：** 一般印刷品是由黄、洋红、青、黑四色压印，此外，还有印刷专色。
- **后加工：** 后加工包括很多工艺，如过胶（覆膜）、过UV、过油、烫金等，有助于提升印刷品的档次。

3. 专色印刷和四色印刷

- **专色印刷：** 指采用黄、品红、青和黑墨以外的其他色油墨来复制原稿颜色的印刷工艺。在包装印刷中，经常采用专色印刷工艺印刷大面积底色。
- **四色印刷：** 指用红、绿、蓝三原色和黑色色料（油墨或染料）按减色混合原理实现全彩色复制的平版印刷方法。

4. 出血线

出血线是印刷业的一个专业术语。纸质印刷品所谓的"出血"是指超出版心部分的印刷。为了防止因裁切或折页而丢失内容或出现白边，一般会在图片裁切位的四周加上2～4mm的预留位置——"出血"来确保成品效果的一致。默认出血线为3mm，但不同产品应区别对待。

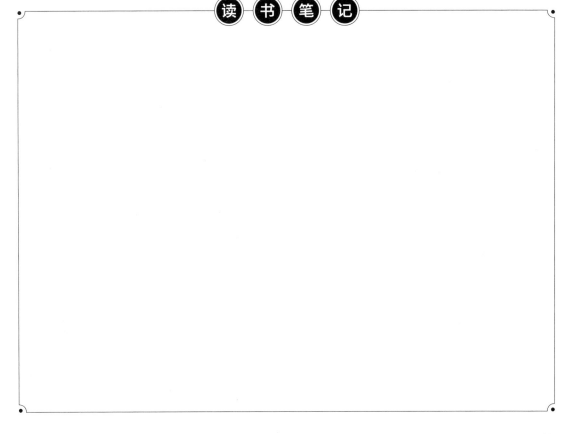

读 书 笔 记

课后练习 图形设计与艺术创意相关知识

平面设计是把一种计划、规划、设想通过视觉的形式传达出来的活动过程，它是集电脑技术、数字技术和艺术创意于一体的综合内容。平面设计也是为现代商业服务的艺术，平面设计作品在精神文化领域以其独特的艺术魅力影响着人们的感情与观念，在人们的日常生活中起着十分重要的作用。

1. 了解平面设计的概念

平面设计又称视觉传达设计（visual communication design），是指人们为了传递信息所进行的有关图像、文字、图形方面的设计。它具有艺术性和专业性，以"视觉"作为沟通和表现的方式，透过多种方式来如符号、图片及文字，借以传达设计者的想法或设计主题的视觉表现。

2. 掌握平面设计的要素

现代信息传播媒介可分为视觉、听觉、视听觉三种类型。其中，公众70%的信息是从视觉传达中获知的，如报纸、杂志、海报、路牌、灯箱等。这些以平面形态出现的视觉类信息传播媒介，均属于平面设计的范畴。

平面设计中的基本要素主要有三个——色彩、图形、文字，下面进行具体介绍。

- **色彩**：图形和文字的设计都离不开色彩，色彩在平面设计作品中有着特殊的诉求力，直接影响着作品的情绪表达。色彩与受众的生理和心理反应密切相关，色彩的运用直接影响着受众对设计作品的关注程度。
- **图形**：图形是平面设计作品的主要构成要素，它能够形象地表现设计主题和设计创意。图形在平面设计中有着重要的地位，没有理想的图形，平面设计就会显得苍白无力，因此，图形代表着设计的生命。
- **文字**：文字是平面设计作品中不可或缺的构成要素，是对平面设计所传达意思的归纳和提示，起着画龙点睛的作用，它能够更有效地传达作者的意图，表达设计的主题和构想。

3. 了解艺术创意在平面设计中的地位

在平面设计中，艺术创意的运用有助于增强信息的传达效果，吸引公众的注意，令其产生浓厚的兴趣。一部新颖、形象、独特、耐人寻味的作品，会在众多平庸的作品中脱颖而出，引起人们的关注。

4. 熟悉艺术创意的原则

创意是具有新颖性和创造性的想法。在进行艺术创意的时候，要注意以下原则：原创性、关联性、亲和性、沟通性、美感性、可执行性、震撼性。

美丽中国之四季色彩印象

　　"美丽中国"是中国共产党第十八次全国代表大会提出的执政理念之一，强调把生态文明建设放在突出地位，融入经济建设、政治建设、文化建设、社会建设各方面和全过程。中华大地是一片神奇而美丽的土地，山川秀丽、景色宜人、季节分明，令人流连忘返。

　　建议每个人分别准备四张不同季节的图片，分析每个季节的色彩特点与印象。色彩的印象有具象与抽象之分。具象色彩是自然界中存在的色彩，例如蓝色的天空、绿色的树林。抽象色彩是人们对色彩附加的情感认知，例如蓝色代表理智、沉稳。

- **春天：**万物复苏的季节，代表着希望，可以选择新生的花草树木等事物，颜色上用淡淡的新绿、淡粉、嫩黄等，如图1-34所示。
- **夏天：**充满活力的季节，代表着活力，可以选择西瓜、沙滩、荷花、荷叶等事物，颜色上用明亮的暖色或清凉的冷色，例如翠绿、红橙、蓝紫等，如图1-35所示。

图 1-34

图 1-35

- **秋天：**繁茂丰收的季节，代表着沉稳，可以选择红枫、落叶、果实等事物，颜色上用成熟的自然色或大地色，例如深棕、咖色、金黄等，如图1-36所示。
- **冬天：**万物闭藏的季节，代表着低调，可选择落雪、红梅、冰河等事物，颜色上则用沉寂冷清的冷色及火焰的暖色，如雪白、深绿、深蓝等，如图1-37所示。

图 1-36

图 1-37

第 2 章

入门操作很关键

内容导读

本章将对Illustrator的入门基础操作进行讲解，内容包括Illustrator的主页界面和工作界面构成，文档的置入、导出、保存与关闭等，图形设计辅助工具标尺、参考线、网格等，以及调整图形对象显示效果的缩放工具、画板工具等。

思维导图

```
缩放工具——图像缩放
裁剪图像——裁切大小          图形对象的显示调整                    Illustrator主页界面
画板工具——编辑画板                                              Illustrator工作界面
                                        Illustrator基础操作
                                                              文档的置入与导出
                                                              文档的保存与关闭
                        入门操作很关键

标尺——辅助定位
参考线/智能参考线——
精确定位                    图形设计辅助工具
网格——辅助对齐
```

2.1 Illustrator基础操作

Illustrator是一款基于矢量的绘图软件，在图形设计领域应用非常广泛。本节将对软件的主页界面、工作界面、文档的置入与导出、保存与关闭等内容进行讲解。

2.1.1 案例解析：新建并保存文件

在学习Illustrator基础操作之前，可以跟随以下步骤了解并熟悉如何新建文档、导出.png格式的文件。

步骤01 按Ctrl+N组合键，单击"创建"按钮，新建文档，如图2-1所示。

步骤02 执行"窗口"|"符号"命令，打开"符号"面板。在右上角单击菜单按钮，在弹出的下拉菜单中选择"打开符号库"|"网页图标"选项，弹出"网页图标"面板，如图2-2所示。

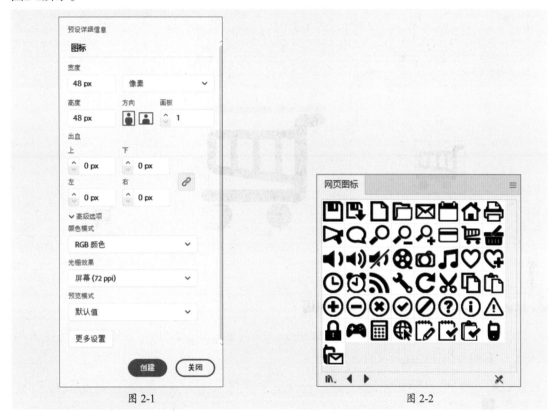

图 2-1　　　　　　　　　　　　　　图 2-2

步骤03 将"购物车"图标拖至画板中，按住Shift键调整图标大小，使其居中对齐，如图2-3所示。

步骤04 执行"文件"|"导出"|"导出为"命令，在弹出的对话框中设置参数，如图2-4所示。

步骤05 单击"导出"按钮，在弹出的"PNG选项"对话框中设置参数，如图2-5所示。

步骤06 按Ctrl+S组合键，存储文件为.ai格式，效果如图2-6所示。

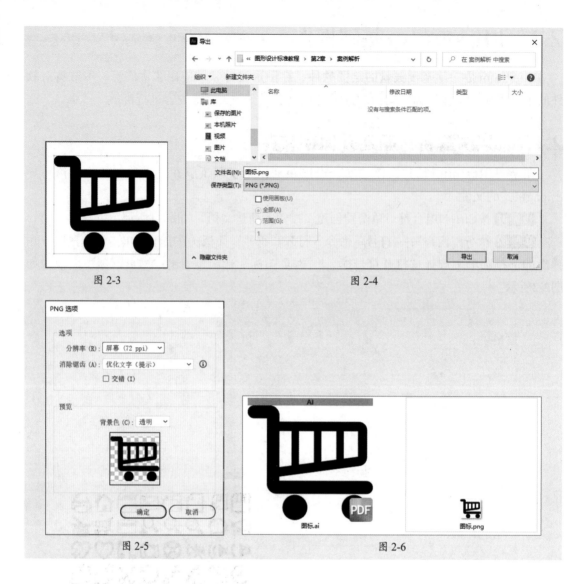

图 2-3　　　　　　　　　　　　　　图 2-4

图 2-5　　　　　　　　　　　　　　图 2-6

2.1.2　Illustrator主页界面

安装Illustrator后双击图标，显示Illustrator主页界面，如图2-7所示。该界面中左上方为菜单栏，右侧为快速创建新文件区域。

图 2-7

1. 新建文档

在主页界面中单击"新建"按钮（新建）或在预设区域中单击"更多预设"按钮⊙，都会弹出"新建文档"对话框，如图2-8所示。

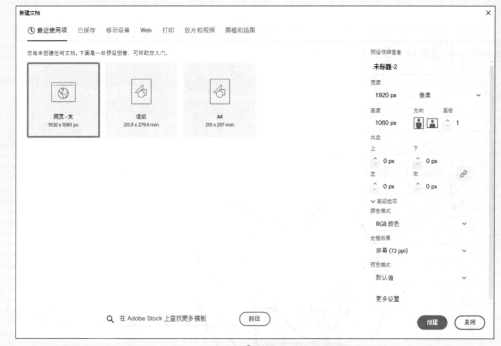

图 2-8

该对话框中各选项的功能介绍如下。

- **最近使用项：**显示最近设置的文档尺寸，也可在"移动设备"、Web等类别中选择预设模板，在右侧窗格中修改设置。
- **预设详细信息：**可在该文本框中输入新建文件的名称，默认为"未标题-1"。
- **宽度、高度、单位：**用于设置文档的尺寸和度量单位，默认单位是"像素"。
- **方向：**用于设置文档的页面方向——横向或纵向。
- **画板：**用于设置画板数量。
- **出血：**用于设置出血参数值。当数值不为0时，可在创建文档的同时，在画板四周显示设置的出血范围。
- **颜色模式：**用于设置新建文件的颜色模式，默认为"RGB颜色"。
- **光栅效果：**为文档中的光栅效果指定分辨率，默认为"屏幕（72ppi）"。
- **预览模式：**用于设置文档默认预览模式，包括默认值、像素以及叠印三种模式。
- **更多设置：**单击此按钮，可打开"更多设置"对话框。

执行"文件"|"新建"命令或按Ctrl+N组合键，也可新建文件。

2. 打开文档

在主页界面中单击"打开"按钮 打开 ，在弹出的对话框中选择目标文件，再单击"打开"按钮即可打开文档。按Ctrl+O组合键或直接将文件拖动到Illustrator的工作界面中，也可打开文档。

2.1.3 Illustrator工作界面

Illustrator的工作界面主要由菜单栏、控制栏、标题栏、工具栏、面板组、工作画板、状态栏组成，如图2-9所示。

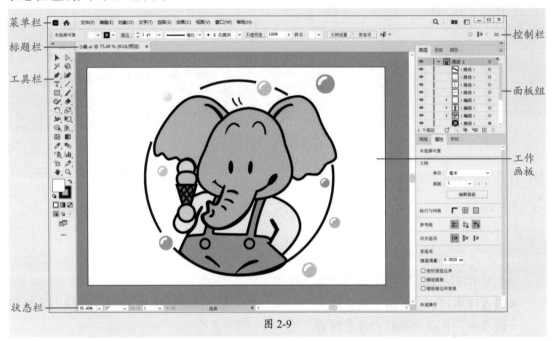

图 2-9

Illustrator工作界面各部分的主要功能和作用如下。

1. 菜单栏

菜单栏包括文件、编辑、对象、文字、帮助等9个主菜单，如图2-10所示。每个主菜单又包括多个子菜单，通过这些命令可以完成大多数常规操作和编辑操作。

图 2-10

2. 控制栏

控制栏显示的选项因所选的对象或工具类型而异。例如，当选择"矩形工具"后，控制栏中除了用于更改对象颜色、位置和尺寸的选项外，还会显示对齐、形状、变换等选项，如图2-11所示。执行"窗口"|"控制"命令可显示或隐藏控制栏。

矩形	∨	∨	描边:	1 pt	等比	基本	不透明度:	100%	样式:	对齐	形状	变换

图 2-11

3. 标题栏

打开一张图像或文档，在工作区域上方会显示文档的相关信息，包括文档名称、文档格式、缩放等级、颜色模式等，如图2-12所示。

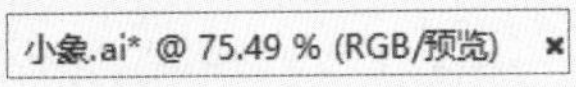

小象.ai* @ 75.49 % (RGB/预览) ✕

图 2-12

4. 工具栏

启动Illustrator后，左侧会出现工具栏，其中包括处理文档时需要使用的各种工具，如图2-13所示。通过这些工具，可绘制、选择、移动、编辑和操纵对象。单击 ▸▸ 按钮，将双排显示工具，如图2-14所示；单击 ◂◂ 按钮，则单排显示工具。

长按鼠标或右击带有三角的图标，即可展开工具组，以选择该组中的不同工具。单击工具组右侧的黑色三角，工具组就从工具栏中分离出来，成为独立的工具栏，如图2-15所示。

单击工具栏下方的"编辑工具栏"按钮 ⋯，打开"所有工具"抽屉，单击右上角的 ☰ 按钮，在弹出的下拉菜单中可选择要显示的工具选项，如图2-16所示。

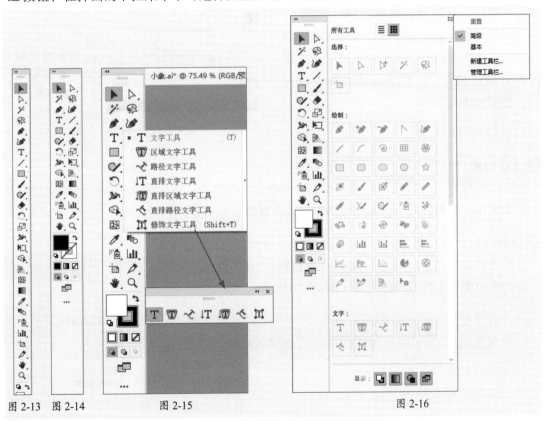

图 2-13　图 2-14　　　图 2-15　　　　　　　　　　图 2-16

操作提示

选择基本工具模式，在"所有工具"抽屉中将任意一个工具拖动至工具栏中，即可添加工具，如图2-17、图2-18所示。

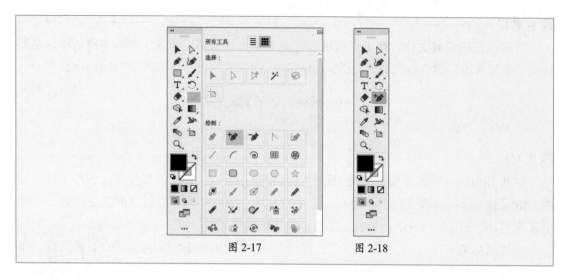

图 2-17　　　　　　　　图 2-18

5. 面板组

面板组是Illustrator中最重要的组件之一。在面板中可设置数值和进行功能调节，执行"窗口"菜单下的命令即可显示面板。按住鼠标左键拖动面板名称，可将面板和窗口分离，如图2-19所示。单击 ◄◄ 、 ►► 按钮或单击面板名称，可以显示或隐藏面板内容，如图2-20所示。

图 2-19　　　　　　　　　　图 2-20

6. 工作画板

在文档窗口中，黑色实线中的矩形区域即为工作画板，这个区域的大小就是用户设置的页面大小。画板外的空白区域即画布，可以自由绘制。

7. 状态栏

状态栏显示在窗口的左下边缘。单击当前工具名称旁的 ► 按钮，选择"显示"选项，在弹出的菜单中可设置显示的内容，如图2-21所示。

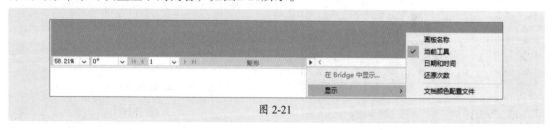

图 2-21

2.1.4　文档的置入与导出

文档的置入命令可以将多种格式的图形、图像文件置入Illustrator软件中。文件可以嵌入或链接的形式置入，也可以作为模板文件置入。

执行"文件"|"置入"命令，在弹出的对话框中选择目标文件，单击"置入"按钮，在画板中单击任意位置，将文件以原始尺寸置入。拖动鼠标创建形状后，图像会自动适应形状，如图2-22、图2-23所示。

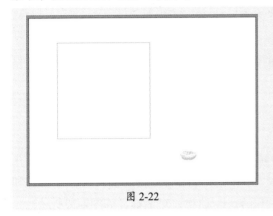

图 2-22

图 2-23

执行"文件"|"导出"|"导出为"命令，弹出"导出"对话框，在"保存类型"下拉列表中可以设置导出的文件类型，如图2-24所示。

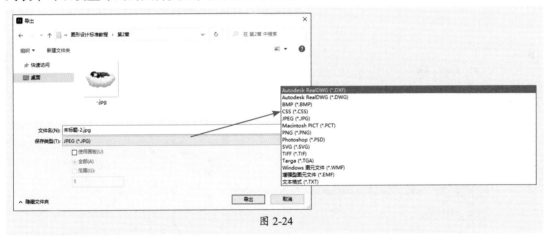

图 2-24

选择不同的文件类型，单击"导出"按钮，会弹出不同文件类型的设置对话框。以导出文件类型"JPEG（*.JPEG）"为例，在弹出的"JPEG选项"对话框中可设置相关参数，如图2-25所示。

该对话框中各选项的功能介绍如下。

● **颜色模型**：设置JPEG文件的颜色模式，包含RGB、CMYK、灰度三种模式。

● **品质**：设置JPEG文件的品质和大小。可从"品质"下拉列表框中选择一个选项，或在"品质"文本框中输入一个0～10的值。

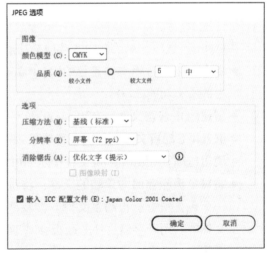

图 2-25

- **压缩方法**：选择"基线（标准）"，将使用大多数Web浏览器都识别的格式；选择"基线（优化）"，将获得优化的颜色和稍小的文件大小；选择"连续"，将在图像下载过程中显示一系列越来越详细的扫描图像（可以指定扫描次数）。并不是所有Web浏览器都支持"基线（优化）"和"连续"的JPEG图像。
- **分辨率**：设置JPEG文件的分辨率。
- **消除锯齿**：通过超像素采样消除图稿中的锯齿边缘。取消选择此选项，有助于栅格化线状图时维持其硬边缘。

2.1.5 文档的保存与关闭

当第一次保存文件时，执行"文件"|"存储"命令，或按Ctrl+S组合键，将弹出"存储为"对话框，如图2-26所示。在对话框中输入要保存文件的名称，设置文件保存位置和类型。设置完成后，单击"保存"按钮，弹出"Illustrator选项"对话框，如图2-27所示。

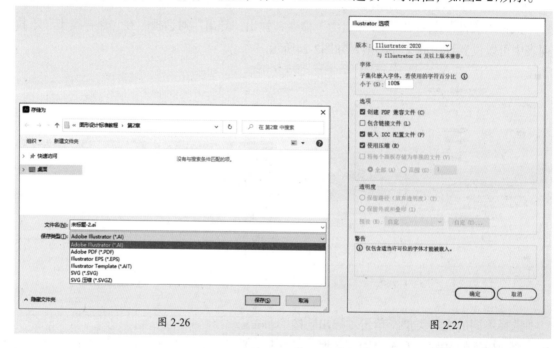

图 2-26   图 2-27

"Illustrator选项"对话框中各选项的功能介绍如下。

- **版本**：指定希望文件兼容的Illustrator版本。一般情况下，旧版格式不支持当前版本中的所有功能。
- **创建PDF兼容文件**：在Illustrator文件中存储文档的PDF文件。
- **嵌入ICC配置文件**：创建色彩受管理的文档。
- **使用压缩**：在Illustrator文件中压缩PDF数据。
- **将每个画板存储为单独的文件**：将每个画板存储为单独的文件，同时还会单独创建一个包含所有画板的主文件。涉及某个画板的所有内容都会包含在与该画板对应的文件中。用于存储文件的画板会基于默认文档控制配置文件的大小。
- **透明度**：确定选择早于9.0版本的 Illustrator格式时，要如何处理透明对象。选中"保留路径（放弃透明度）"单选按钮，可放弃透明度效果并将透明图稿重置为100%不透明度和"正常"混合模式。选中"保留外观和叠印"单选按钮，可保留与透明对象不相互影响的叠印，与透明对象相互影响的叠印则拼合。

若既要保留修改过的文件，又不想放弃原文件，则可以执行"文件"|"存储为"命令，或按Ctrl+Shift+S组合键，在弹出的对话框中为修改过的文件重命名，并设置文件的保存路径和类型。设置完成后，单击"保存"按钮，原文件保持不变，修改过的文件则被另存为一个新的文件。

当存储完文件，无须再进行操作时，便可关闭文件。关闭图像文件的方法如下。

- 单击图像标题栏最右端的"关闭"按钮 ✖ 。
- 执行"文件"|"关闭"命令，或按Ctrl+W组合键，关闭当前图像文件。
- 执行"文件"|"全部关闭"命令，或按Ctrl+Shift+W组合键，关闭工作区中打开的所有图像文件。
- 执行"文件"|"退出"命令，或按Ctrl+Q组合键，退出Illustrator应用程序。

如果在关闭图像文件之前没有保存修改过的图像文件，系统将弹出如图2-28所示的提示对话框，询问用户是否保存对文件所做的修改，根据需要单击相应按钮即可。

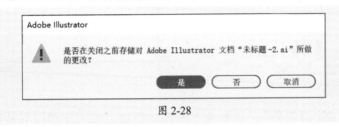

图 2-28

2.2 图形设计辅助工具

绘制图形时，可以使用标尺、参考线、网格等辅助工具来对图形进行精确定位和准确测量尺寸。

2.2.1 案例解析：创建内出血线

在学习图形设计辅助工具之前，可以跟随以下步骤了解并熟悉如何创建内出血线。

知识点拨

出血线分为内出血线和外出血线。

（1）内出血线：指按成品尺寸加四边出血建立画板。图片可以超出画板，但文字不要超出，否则会被裁掉。在制作210mm×285mm的DM广告单时，可以创建216mm×291mm的画板，四边各多3mm出血，并在印刷时告知印刷厂成品规格为210mm×285mm。

（2）外出血线：创建和成品相同大小的面板，在"新建文档"对话框中直接设置出血参数值即可。

步骤 01 按Ctrl+N组合键，单击"创建"按钮，新建文档，如图2-29所示。

步骤 02 按Ctrl+R组合键显示标尺，如图2-30所示。

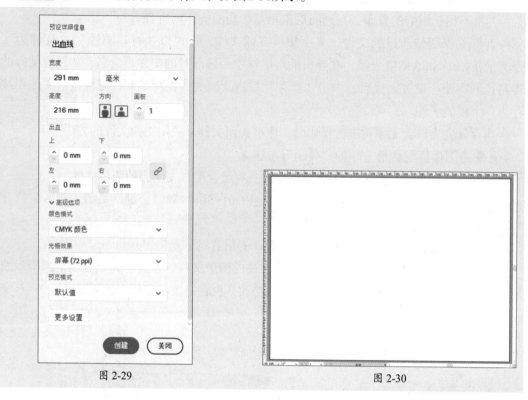

图 2-29   图 2-30

步骤 03 选择"矩形工具"，在画板上单击，在弹出的"矩形"对话框中设置宽度为285mm，高度为210mm。

步骤 04 借助智能参考线对齐中心点，使其垂直、水平均居中对齐，如图2-31所示。

步骤 05 执行"视图"|"参考线"|"建立参考线"命令，效果如图2-32所示。

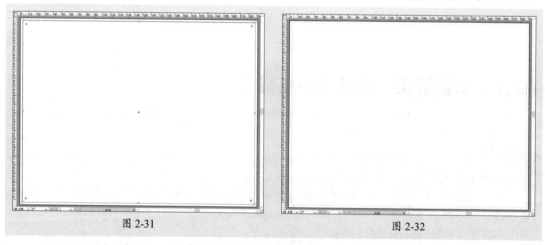

图 2-31   图 2-32

步骤 06 执行"视图"|"参考线"|"锁定参考线"命令，锁定参考线。

2.2.2 标尺——辅助定位

标尺可以准确定位和度量插图窗口或画板中的对象。

执行"视图"|"标尺"|"显示标尺"命令，或按Ctrl+R组合键，工作区域左端和上端会显示带有刻度的尺子（X轴和Y轴）。右击标尺处，会弹出度量单位菜单，可选择或更改单位，如图2-33所示。注意，水平标尺与垂直标尺不能设置不同的单位。

默认情况下，标尺的零点位于画板的左上角。标尺零点可以根据需要而改变，按住鼠标左键单击左上角标尺相交的位置↕向下拖动，会出现两条十字交叉的虚线，松开鼠标，新的零点位置便设置成功，如图2-34、图2-35所示。双击左上角标尺相交的位置↕，可复位标尺零点位置。

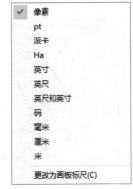

图 2-33

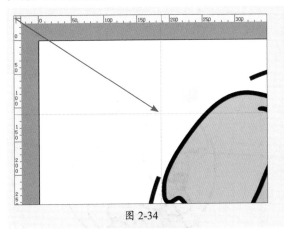

图 2-34

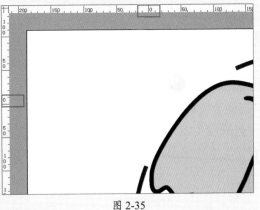

图 2-35

2.2.3 参考线/智能参考线——精确定位

参考线和智能参考线都可以精确定位文本和图形对象。

1.参考线

参考线可以对齐文本和图形对象。可以创建标尺参考线（垂直或水平的直线）和参考线对象（可转换为参考线的矢量对象）。

- **创建标尺参考线**：创建标尺后，将光标放置在水平或垂直标尺上进行向下、向右拖动，即可创建参考线，如图2-36所示。
- **创建参考线对象**：选择矢量图形后，执行"视图"|"参考线"|"创建参考线"命令，即可将对象转换为参考线，如图2-37所示。

参考线创建完之后，可以对其进行以下操作。

- 选择参考线，按Delete键可将其删除。
- 执行"视图"|"参考线"|"隐藏参考线"命令，或按Ctrl+;组合键，可隐藏参考线；再按Ctrl+;组合键，则可显示参考线。

- 执行"视图"|"参考线"|"锁定参考线"命令，可锁定参考线。
- 执行"视图"|"参考线"|"清除参考线"命令，可清除所有参考线。

图 2-36

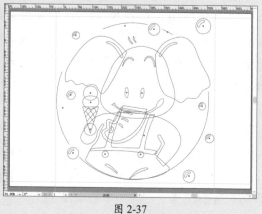
图 2-37

2. 智能参考线

智能参考线是创建或操作对象或画板时显示的临时对齐参考线。执行"视图"|"智能参考线"命令，或按Ctrl+U组合键，可打开或关闭该功能。图2-38所示为图形相对于参考线居中对齐显示。

图 2-38

2.2.4 网格——辅助对齐

网格是一系列交叉的虚线或点，可以精确对齐和定位对象。与参考线一样，网格是不能打印的。

执行"视图"|"显示网格"命令，或按Ctrl+"组合键，将显示网格，如图2-39所示；执行"视图"|"隐藏网格"命令，或按Ctrl+"组合键，将隐藏网格。

执行"编辑"|"首选项"|"参考线和网格"命令，在弹出的对话框中可自定义网格参数，包括颜色、样式、网格线间隔等，如图2-40所示，效果如图2-41所示。

图 2-39

图 2-40　　　　　　　　　　　　　　　　　图 2-41

2.3　图形对象的显示调整

若要对图形对象进行显示调整，可以使用"缩放工具"控制图形与工作画板的大小；在选中"选择工具"状态下可以裁剪图像至任意大小；选择"画板工具"，则可以复制、编辑画板大小。

2.3.1　案例解析：裁剪图像

在学习图形对象显示调整之前，可以跟随以下操作步骤了解并熟悉如何使用"选择工具""画板工具"以及"裁剪图像"命令裁剪图像。

步骤01 执行"文件"|"打开"命令，打开素材文件，按Ctrl+空格组合键调整画面显示效果，如图2-42所示。

步骤02 选择"画板工具"，在控制栏中设置画板的宽和高，如图2-43所示。

图 2-42

图 2-43

步骤03 使用"选择工具"移动图像至合适的位置，如图2-44所示。

步骤04 在控制栏中单击"裁剪图像"按钮，拖动裁剪框调整裁切范围，如图2-45所示。

步骤05 按Enter键完成裁剪，如图2-46所示。

图 2-44

图 2-45

步骤 06 选择"画板工具",执行"文件"|"导出为"命令,在弹出的对话框中勾选"使用画板"复选框。设置完成后单击"导出"按钮,如图2-47所示。

图 2-46

图 2-47

2.3.2 缩放工具——图像缩放

缩放图像是绘制图形时必不可少的辅助操作,可用于大图显示和细节显示二者之间的切换。

选择"缩放工具" 🔍 ,光标会变为一个中心带有加号的放大镜形状 🔍 ,单击鼠标左键可放大图像;按住Alt键光标会变成 🔍 状,单击鼠标左键可缩小图像。按住鼠标左键向右拖动,可放大光标所在区域,如图2-48所示;按住鼠标左键向左拖动,则可缩小光标所在区域,如图2-49所示。

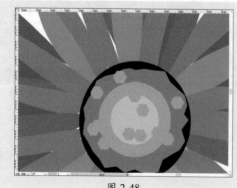
图 2-48

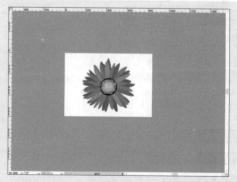
图 2-49

当图像显示较大时，有些局部不能显示，如图2-50所示，选择"抓手工具" 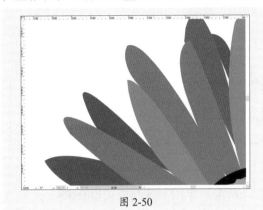 或者按住空格键，光标变为 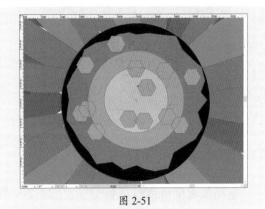 状时可拖动调整图像显示位置，如图2-51所示。

图 2-50

图 2-51

除此之外，还可以使用以下方法调整图像显示效果。

● 执行"视图"｜"放大"命令，或按Ctrl++组合键，便可放大图像；执行"视图"｜"缩小"命令，或按Ctrl+–组合键，则可缩小图像。

● 按住空格+Ctrl组合键，光标会变为一个中心带有加号的放大镜形状 ，按住鼠标左键向右滑动，可放大光标所在的图像区域；向左滑动，则可缩小光标所在的图像区域。

● 按住空格+Alt组合键，滑动鼠标滚轮，可以以 为中心放大或缩小图像。

● 按Ctrl+0组合键，图像会最大限度地全部显示在工作界面中，如图2-52所示。

● 按Ctrl+1组合键，可以将图像按100%的效果显示，如图2-53所示。

图 2-52

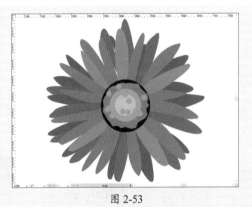

图 2-53

2.3.3 裁剪图像——裁切大小

裁剪图像功能仅适用于当前选定的图像，链接的图像在裁剪后会变为嵌入的图像，图像被裁剪的部分会被丢弃并且不可恢复。此外，不能在裁剪图像时变换图像。在选择"裁剪图像"功能后，如果尝试变换图像，则会退出裁剪界面。

导入素材图像，如图2-54所示。在"选择工具"状态下，单击控制栏中的"裁剪图像"按钮，弹出提示对话框，单击"确定"按钮即可，如图2-55所示。若是在嵌入图像后单击"裁剪图像"按钮，则不会出现该提示对话框。

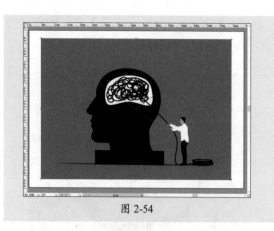

图 2-54

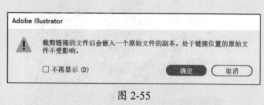

图 2-55

拖动裁剪框可调整裁剪范围，如图2-56所示。单击"应用"按钮或按Enter键，完成裁剪操作，效果如图2-57所示。

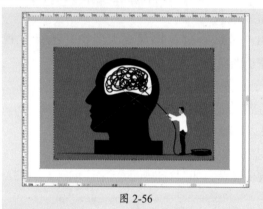

图 2-56

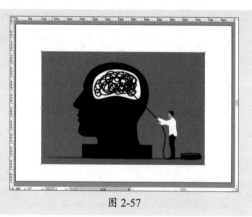

图 2-57

操作提示

裁剪图像时，在控制栏中可以设置裁剪的高度和宽度，如图2-58所示。在操作过程中，按住Shift键可等比例缩放图像，按住Alt键则可围绕中心缩放图像。

| 裁剪 | PPI: 123 ∨ | X: 420.9449 | Y: 288.292 | 宽: 652.7648 | 高: 492.7283 | 应用 | 取消 |

图 2-58

该控制栏中部分选项的功能介绍如下。

- PPI：图像当前分辨率，单位为像素/英寸（ppi）。如果图像分辨率低于下拉列表中的可用选项，则PPI处于禁用状态。可输入的最大值等于原始图像的分辨率或300ppi（对于链接的图稿）。
- 参考点：所有变换都围绕该固定点执行。默认参考点为裁剪区域的中心。
- X/Y：选定参考点的坐标值。
- 宽/高：指定裁剪区域的大小。 状态为取消链接裁剪的宽度和高度， 状态为链接裁剪的宽度和高度。

2.3.4 画板工具——编辑画板

利用"画板工具"可以创建多个不同大小的画板来组织图稿组件。选择"画板工具"或按Shift+0组合键，在原有画板边缘处会显示定界框，如图2-59所示。

在文档窗口中任意拖动绘制即可得到一个新的画板,直接拖动画板可调整显示位置。按住Alt键移动复制,在控制栏中单击圖或圖按钮可更改画板方向,如图2-60所示。

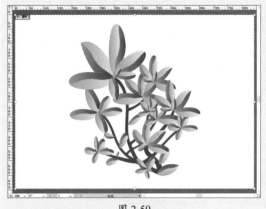

图 2-59

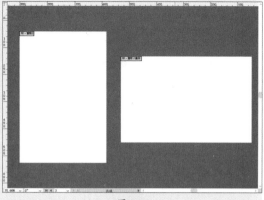

图 2-60

操作提示

除了自由绘制画板大小,在"画板工具"控制栏中可以精确设置画板大小、方向等选项,如图2-61所示。

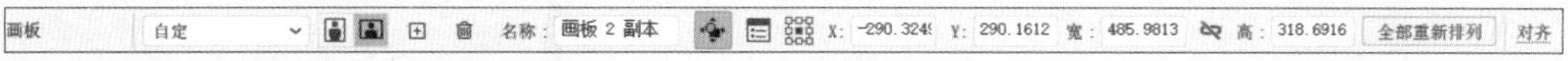

画板 | 自定 ∨ | 圖 圖 🖽 🗑 | 名称: 画板 2 副本 ✥ 🖽 ┇┇┇ | X: −290.324! Y: 290.1612 宽: 485.9813 □ 高: 318.6916 | 全部重新排列 | 对齐

图 2-61

该控制栏中部分选项的功能介绍如下。

- **预设**:选择需要修改的画板,在"预设"下拉列表框中有预设尺寸,例如A4、B5、640×480(VGA)、1280×800等。
- **纵向/横向**:选择画板后,单击圖或圖按钮可调整画板方向。
- **新建画板**:单击🖽按钮,可新建与当前所选画板等大的画板。
- **删除画板**:选择画板后,单击🗑按钮,可删除所选画板。
- **名称**:设置画板名称。
- **移动/复制带画板的图稿✥**:在移动并复制画板时若激活该功能,画板中的内容会同时被移动复制。
- **画板选项**:单击🖽按钮,在弹出的对话框中可对画板的参数进行设置。
- **全部重新排列**:单击该按钮,在弹出的对话框中可设置版面、列数以及间距等参数,如图2-62所示。
- **对齐**:按住Shift键选中所有画板,单击该按钮,可选择任何对齐画板的选项。图2-63所示为顶对齐效果。

图 2-62

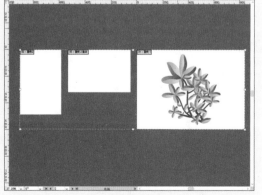

图 2-63

课堂实战 绘制表情符号

本章课堂实战练习绘制一个表情符号，可综合练习本章的知识点，以熟练掌握和巩固文档的新建、保存及导出等操作。下面将介绍具体的操作思路。

步骤 01 新建一个80mm×30mm的空白文档，使用"画笔工具"绘制路径，如图2-64所示。

图 2-64

步骤 02 调整颜色和数值后继续绘制路径，如图2-65所示。

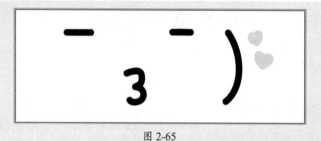

图 2-65

步骤 03 使用"椭圆工具"绘制椭圆并填充颜色，如图2-66所示。

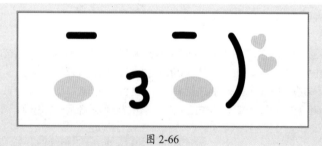

图 2-66

步骤 04 导出.png格式文件后，再将其存储为.ai格式文件，如图2-67所示。

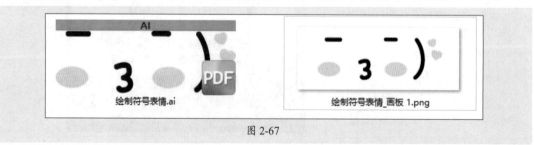

图 2-67

课后练习 调整用户界面

安装Illustrator软件后，用户界面默认为黑色，此时可以根据需要更改工作界面的颜色。下面将利用菜单命令将用户界面调整为浅色，效果如图2-68所示。

图 2-68

1. 技术要点

①打开Illustrator软件，再打开素材。

②执行"编辑"|"首选项"|"用户界面"命令，在"首选项"对话框中进行"亮度"设置。

③单击"确定"按钮应用设置。

2. 分步演示

演示步骤如图2-69所示。

图 2-69

拓展赏析

中国非物质文化遗产标志

在2006年6月10日中国第一个"文化遗产日","中国非物质文化遗产"有了标志,如图2-70所示。该标志主要用于研究、收藏、展示、出版等领域。

图 2-70

中国非物质文化遗产标志外部图形为圆形,象征着循环,永不消失;内部图形为方形,与外圆对应,天圆地方,寓意非物质文化遗产存在空间有极大的广阔性。

图形中心造型为古陶最早出现的纹样之一的鱼纹,隐含"文"字。"文"指非物质文化遗产,而鱼生于水,寓意中国非物质文化遗产源远流长,世代相传;图形中心,抽象的双手上下共护于"文"字,意取团结、和谐、细心呵护,以及保护非物质文化遗产、守护精神家园的寓意。

标志图形传达出古朴和质拙感,一方面反映了非物质文化遗产的生存现状,另一方面彰显了中国政府和人民保护祖国非物质文化遗产的强烈责任心和使命感,表现出中华民族团结、奋进、向前的时代精神。

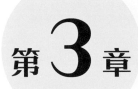

第3章

基本图形的绘制

内容导读

本章将对Illustrator中基本图形的绘制工具进行讲解，内容包括绘制线段和网格的直线段工具、极坐标网格工具等，绘制几何形状的矩形工具、星形工具等，构建新形状的Shaper工具、形状生成器工具，以及编辑调整形状的橡皮擦工具、剪刀工具等。

思维导图

| 矩形工具——绘制矩形和正方形 |
| 圆角矩形工具——绘制圆角矩形 |
| 椭圆工具——绘制椭圆和正圆 |
| 多边形工具——绘制多边形 |
| 星形工具——绘制星形 |

绘制几何形状

| 橡皮擦工具——擦除图形 |
| 剪刀工具——切割图形 |
| 美工刀工具——剪切对象 |

形状编辑调整

基本图形的绘制

绘制线段和网格

| 直线段工具——绘制直线 |
| 弧线段工具——绘制弧线 |
| 螺旋线工具——绘制螺旋线 |
| 矩形网格工具——绘制矩形网格 |
| 极坐标网格工具——绘制极坐标网格 |

构建新形状

| Shaper工具——转换为几何形状 |
| 形状生成器工具——创建复杂形状 |

3.1 绘制线段和网格

在Illustrator中，可以使用工具绘制直线、曲线或者螺旋线，还可以根据需要绘制网格。

3.1.1 案例解析：绘制射击靶图形

在学习如何使用工具绘制线段和网格之前，可以跟随以下操作步骤了解并熟悉如何使用"极坐标网格工具"绘制射击靶图形。

步骤 01 选择"极坐标网格工具" ⊛，在画板上单击，弹出"极坐标网格工具选项"对话框，在该对话框中设置参数，如图3-1所示。

步骤 02 单击"确定"按钮，效果如图3-2所示。

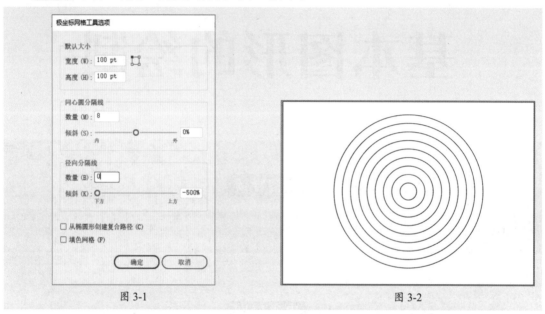

图 3-1   图 3-2

步骤 03 使用"选择工具" ▶ 选择整个对象，在控制栏中更改"描边"为3pt，效果如图3-3所示。

步骤 04 使用"编组选择工具" ▶ 选择内部6个圆，如图3-4所示。

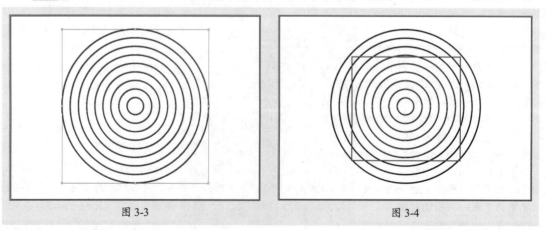

图 3-3   图 3-4

步骤 05 在控制栏中更改填充颜色为黑色，描边为白色，如图3-5所示。

步骤 06 选择"椭圆工具" 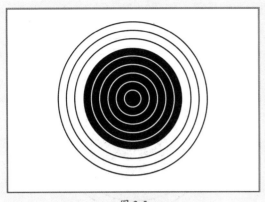，在圆中心点处按住Shift+Alt组合键画圆，如图3-6所示。

图 3-5

图 3-6

步骤 07 选择"文字工具" **T**，输入数字，在"字符"面板中设置参数，如图3-7所示。

步骤 08 框选数字，使其垂直居中对齐，如图3-8所示。

图 3-7

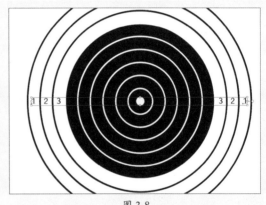

图 3-8

步骤 09 使用相同的方法继续输入数字，并更改颜色为白色，如图3-9所示。

步骤 10 框选数字，按住Alt键移动复制，效果如图3-10所示。

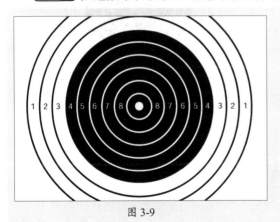

图 3-9

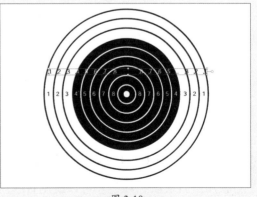

图 3-10

步骤 11 在复制的数字上右击鼠标，在弹出的快捷菜单中选择"变换"|"旋转"命令，在弹出的对话框中设置旋转参数，如图3-11所示。

步骤 12 单击"确定"按钮，将数字移动到合适的位置，如图3-12所示。

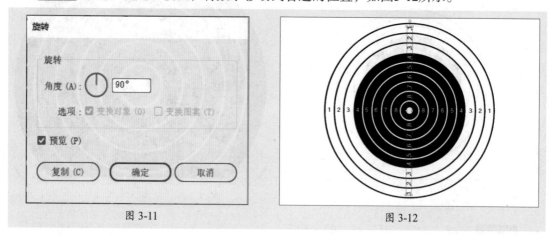

图 3-11

图 3-12

步骤 13 在复制的数字上右击鼠标，在弹出的快捷菜单中选择"变换"|"分别变换"命令，在弹出的对话框中设置参数，如图3-13所示。

步骤 14 单击"确定"按钮，效果如图3-14所示。

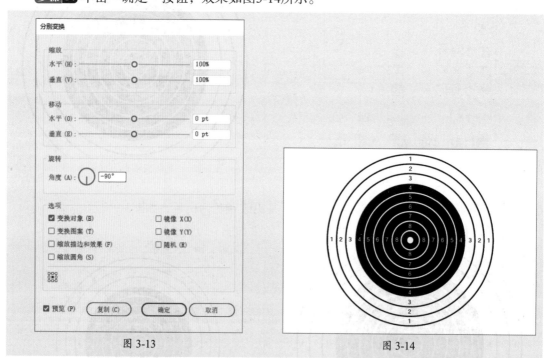

图 3-13

图 3-14

3.1.2 直线段工具——绘制直线

使用"直线段工具" ╱可以绘制直线。选择该工具后，在控制栏中设置描边参数，在画板上单击并拖动鼠标，松开鼠标左键即可完成直线段的绘制；或在画板上单击，在弹出的"直线段工具选项"对话框中进行设置，如图3-15所示。绘制的直线如图3-16所示。

图 3-15

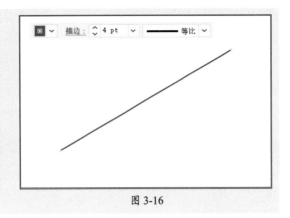

图 3-16

操作提示

使用"直线段工具"时，按住Shift键可以绘制出水平、垂直以及45°、135°等角度的斜线。

3.1.3 弧线段工具——绘制弧线

选择"弧线段工具" ⌒ 后，直接在画板上拖动鼠标即可绘制弧线。若要精确绘制弧线，可以在画板上单击，弹出"弧线段工具选项"对话框，在该对话框中设置参数即可，如图3-17所示。

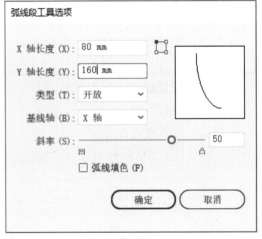

图 3-17

该对话框中各选项的功能介绍如下。

● **X轴长度：**设置弧线的宽度。

● **Y轴长度：**设置弧线的高度。

● **类型：**设置对象为开放路径还是封闭路径。

● **基线轴：**设置弧线的方向坐标轴。

● **斜率：**设置弧线斜率的方向。对凹入（向内）弧线，斜率输入负值。对凸起（向外）弧线，斜率输入正值。斜率为0时，将创建直线。

● **弧线填色：**用当前填充颜色为弧线填色。

图3-18所示为描边为4pt、无填充色的开放弧线段效果；图3-19所示为闭合弧线段效果。

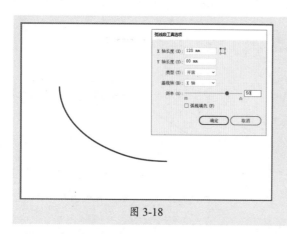

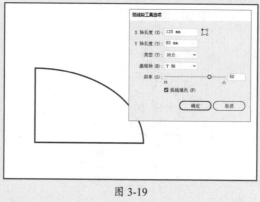

图 3-18   图 3-19

3.1.4　螺旋线工具——绘制螺旋线

使用"螺旋线工具"  可以绘制螺旋形图案。选择该工具后，在画板上单击，将弹出"螺旋线"对话框，在该对话框中可设置参数，如图3-20所示。

该对话框中各选项的功能介绍如下。

- **半径**：设置从中心到螺旋线最外点的距离。
- **衰减**：设置螺旋线的每一螺旋相对于上一螺旋应减少的量。
- **段数**：设置螺旋线具有的线段数。螺旋线的每一完整螺旋由四条线段组成。
- **样式**：设置螺旋方向。

图3-21、图3-22所示分别为不同参数设置的弧线段效果。

图 3-20

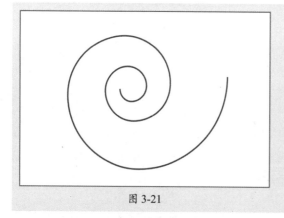

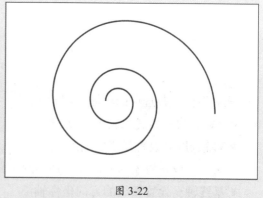

图 3-21   图 3-22

3.1.5　矩形网格工具——绘制矩形网格

选择"矩形网格工具" ⊞ ，可以创建具有指定大小和指定数目分隔线的矩形网格。选择该工具后，在画板上单击，将弹出"矩形网格工具选项"对话框，在该对话框中可设置参数，如图3-23所示。图3-24所示为矩形网格绘制效果。

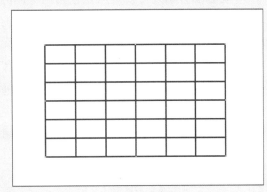

图 3-23   图 3-24

该对话框中各选项的功能介绍如下。

● **默认大小**：设置整个网格的宽度和高度。

● **水平分隔线**：设置在网格顶部和底部之间出现的分隔线数量。"倾斜"值决定了水平分隔线倾向网格顶部或底部的程度。

● **垂直分隔线**：设置在网格左侧和右侧之间出现的分隔线数量。"倾斜"值决定了垂直分隔线倾向于左侧或右侧的程度。

● **使用外部矩形作为框架**：选中该复选框后，将以矩形对象代替顶部、底部、左侧和右侧的线段。

● **填色网格**：选中该复选框后，将以当前填充颜色填充网格，否则，填色为无。

3.1.6 极坐标网格工具——绘制极坐标网格

选择"极坐标网格工具" ⊛ ，可以绘制类似于同心圆的放射线效果。选择该工具，在画板上单击，将弹出"极坐标网格工具选项"对话框，在该对话框中可设置参数，如图3-25所示。绘制效果如图3-26所示。

图 3-25

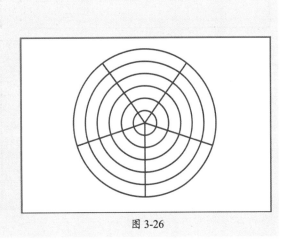

图 3-26

该对话框中各选项的功能介绍如下。

- **默认大小**：设置整个网格的宽度和高度。
- **同心圆分隔线**：设置出现在网格中的圆形同心圆分隔线数量。"倾斜"值决定同心圆分隔线倾向于网格内侧或外侧的程度。
- **径向分隔线**：设置网格中心和外围之间出现的径向分隔线数量。"倾斜"值决定径向分隔线倾向于网格逆时针或顺时针的程度。
- **从椭圆形创建复合路径**：选中该复选框，将同心圆转换为独立复合路径并每隔一个圆进行填色。
- **填色网格**：选中该复选框，将以当前填充颜色填充网格。

3.2 绘制几何形状

在Illustrator中，可以使用矩形工具组中的工具绘制矩形、圆形、多边形、星形等几何形状。

3.2.1 案例解析：绘制卡通中巴车图形

在学习如何使用工具绘制几何形状之前，可以跟随以下操作步骤了解并熟悉如何使用"圆角矩形工具"和"椭圆工具"绘制卡通中巴车图形。

步骤 01 选择"圆角矩形工具" ▭，在画板上拖动鼠标绘制图形，如图3-27所示。

步骤 02 拖动任意一角的控制点，微调圆角半径，如图3-28所示。

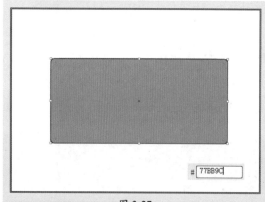

图 3-27

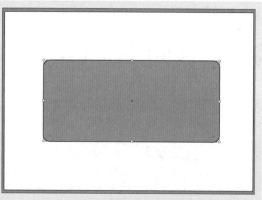

图 3-28

步骤 03 单击右上角的控制点后，拖动调整圆角半径，如图3-29所示。

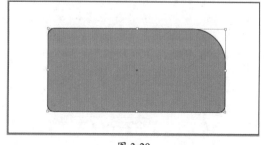

图 3-29

步骤 04 按Ctrl+C组合键复制图形，按Ctrl+Shift+V组合键原位粘贴图形。向上拖动边线，调整圆角矩形的高度，如图3-30所示。

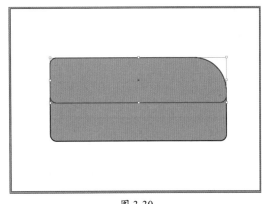

图 3-30

步骤 05 按住Shift键，分别单击圆角矩形的右下和左下控制点，通过拖动将半径调整为0，如图3-31所示。

步骤 06 更改填充颜色，如图3-32所示。

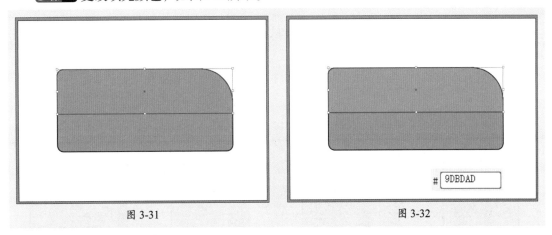

图 3-31   图 3-32

步骤 07 选择"椭圆工具" ⬭ ，按住Shift键绘制正圆，设置描边为6pt，如图3-33所示。

步骤 08 找到圆形中心点，按住Shift+Alt组合键从中心等比例绘制正圆，设置填充颜色为灰色，描边为黑色、2pt，如图3-34所示。

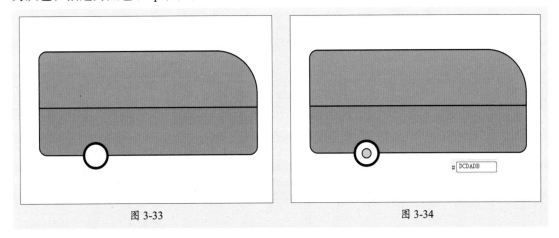

图 3-33   图 3-34

步骤 09 按住Shift键加选正圆，按住Alt键移动复制图形，如图3-35所示。

步骤 10 选择"圆角矩形工具"，拖动绘制圆角矩形。使用"吸管工具"吸取轮胎内部颜色属性，如图3-36所示。

图 3-35　　　　　　　　　　　　　　　图 3-36

步骤 11 选择"圆角矩形工具"，拖动绘制圆角矩形，更改填充颜色为蓝色，使其水平居中对齐，如图3-37所示。

步骤 12 按住Alt键移动复制矩形玻璃图形，并调整其宽度和圆角半径，如图3-38所示。

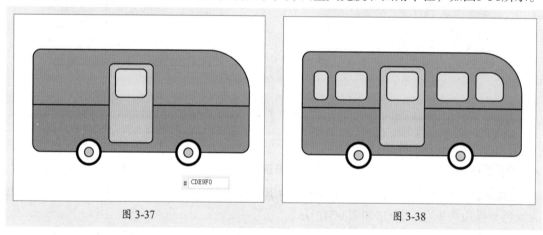

图 3-37　　　　　　　　　　　　　　　图 3-38

步骤 13 选择"圆角矩形工具"，拖动绘制圆角矩形，并根据需要更改填充颜色和位置（顶部绿色的部分置于底层），如图3-39所示。

图 3-39

步骤 14 选择"椭圆工具",按住Shift键绘制正圆,使用"吸管工具"吸取轮胎内部颜色属性,如图3-40所示。

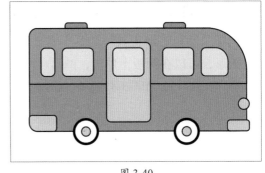

图 3-40

3.2.2 矩形工具——绘制矩形和正方形

选择"矩形工具" ■,在画板上拖动鼠标可以绘制矩形;或在画板上单击,弹出"矩形"对话框,在该对话框中设置完参数后单击"确定"按钮即可,如图3-41所示。绘制效果如图3-42所示。

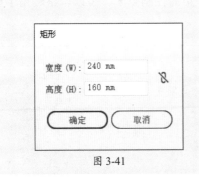

图 3-41

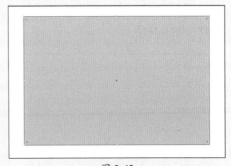

图 3-42

在绘制图形时按住Alt键、Shift键等,会有如下不同的结果。

- 按住Alt键,光标变为 ⊞ 形状时,拖动鼠标可绘制以此为中心向外扩展的矩形。
- 按住Shift键,拖动鼠标可以绘制正方形。
- 按住Shift+Alt组合键,拖动鼠标可以绘制出以单击处为中心点的正方形,如图3-43所示。

按住鼠标左键,向下拖动圆角矩形任意一角的控制点 ↖,可以将其调整为正圆,如图3-44所示。

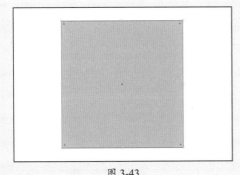

图 3-43

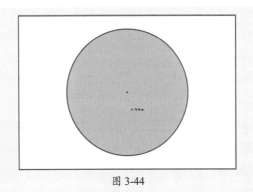

图 3-44

3.2.3　圆角矩形工具——绘制圆角矩形

选择"圆角矩形工具" 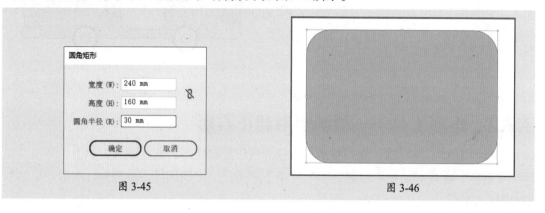后,在画板上拖动鼠标可绘制圆角矩形。若要绘制精确的圆角矩形,可以在画板上单击,弹出"圆角矩形"对话框,在该对话框中设置参数后单击"确定"按钮即可,如图3-45所示。绘制效果如图3-46所示。

图 3-45　　　　　　　　　　　　　　　图 3-46

按住鼠标左键,向上或向下拖动圆角矩形任意一角的控制点 ,可以调整圆角半径,如图3-47、图3-48所示。

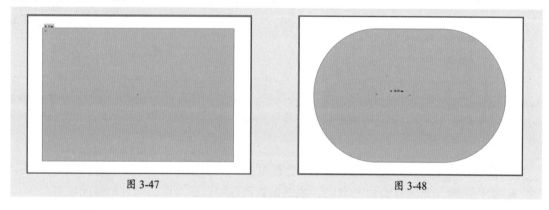

图 3-47　　　　　　　　　　　　　　　图 3-48

3.2.4　椭圆工具——绘制椭圆和正圆

选择"椭圆工具" ,在画板上拖动鼠标可绘制椭圆;或在画板上单击,弹出"椭圆"对话框,在该对话框中设置参数后单击"确定"按钮即可,如图3-49所示。绘制效果如图3-50所示。

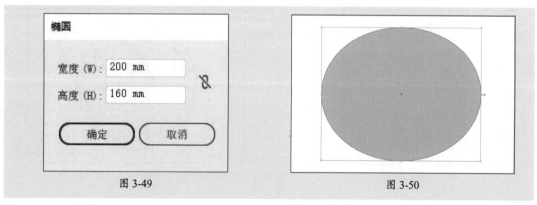

图 3-49　　　　　　　　　　　　　　　图 3-50

在绘制椭圆形的过程中按住Shift键，可以绘制正圆；按住Alt+Shift组合键，可以绘制以起点为中心的正圆，如图3-51所示。绘制完成后，将鼠标指针放至控制点，当光标变为▶.形状后，可以将其调整为饼图，如图3-52所示。

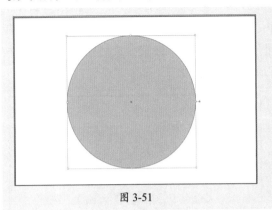

图 3-51

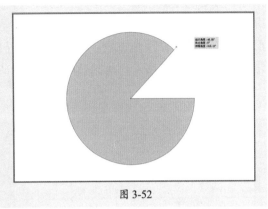

图 3-52

3.2.5 多边形工具——绘制多边形

选择"多边形工具" ⬡，在画板上拖动鼠标，可绘制不同边数的多边形。或用该工具在画板上单击，弹出"多边形"对话框，在该对话框中设置参数后单击"确定"按钮即可，如图3-53所示。绘制效果如图3-54所示。

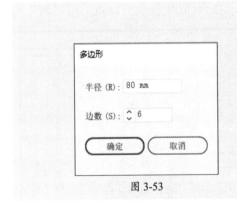

图 3-53

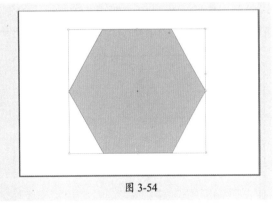

图 3-54

按住鼠标左键向下拖动多边形任意一角的控制点▶，可以产生圆角效果。当控制点和中心点重合时，便形成圆形，如图3-55、图3-56所示。

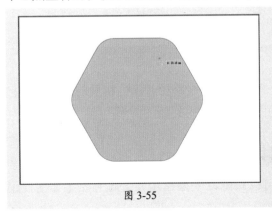

图 3-55

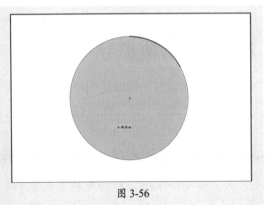

图 3-56

3.2.6 星形工具——绘制星形

选择"星形工具" ☆，可以绘制不同形状的星形图形。选择该工具后，在画板上拖动鼠标，可绘制星形；或用该工具在画板上单击，弹出"星形"对话框，在"半径1"文本框中设置星形图形内侧点到星形中心的距离，在"半径2"文本框中设置星形图形外侧点到星形中心的距离，在"角点数"文本框中设置星形图形的角数，设置完成后单击"确定"按钮即可，如图3-57所示。绘制效果如图3-58所示。

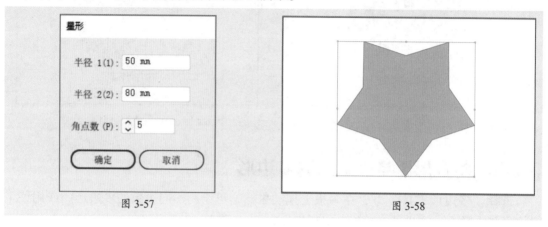

| 图 3-57 | 图 3-58 |

在绘制星形的过程中，按住Alt键，可以绘制旋转的正星形；按住Alt+Shift组合键，可以绘制不旋转的正星形，如图3-59所示。绘制完成后，按住Ctrl键拖动控制点，可以调整星形角的度数，如图3-60所示。

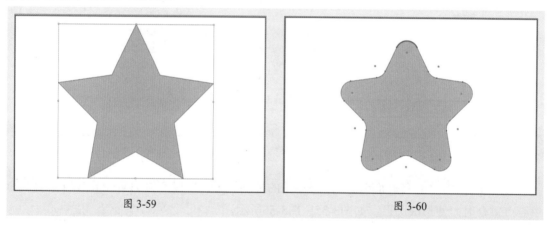

| 图 3-59 | 图 3-60 |

3.3 构建新形状

在Illustrator中，可以使用"Shaper工具"将任意的曲线路径转换为精确的几何图形；使用"形状生成器工具"则可以在多个重叠的图形中快速得到新的图形。

3.3.1 案例解析：绘制云朵图形

在学习如何使用工具构建新形状之前，可以跟随以下操作步骤了解并熟悉如何使用"椭圆工具"和"形状生成器工具"绘制云朵图形。

步骤 01 选择"椭圆工具" ○，拖动绘制椭圆并填充青色，如图3-61所示。

步骤 02 按住Alt键移动复制椭圆，如图3-62所示。

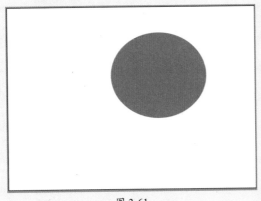

图 3-61

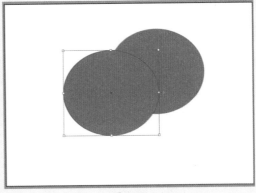

图 3-62

步骤 03 继续按住Alt键移动复制椭圆，并调整显示效果，如图3-63所示。

步骤 04 再按住Alt键移动复制并调整椭圆位置，如图3-64所示。

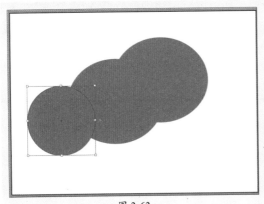

图 3-63

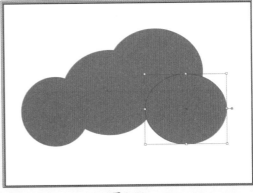

图 3-64

步骤 05 选择"圆角矩形工具" □拖动绘制图形，如图3-65所示。

步骤 06 分别单击圆角矩形右下和左下控制点，拖动调整圆角半径，如图3-66所示。

图 3-65

图 3-66

步骤 07 全选所有形状，选择"形状生成器工具" <img_1/> ，按住鼠标左键拖动选择所有图形，如图3-67所示。效果如图3-68所示。

图 3-67

图 3-68

3.3.2 Shaper工具——转换为几何形状

"Shaper工具"不仅可以绘制精确的曲线路径，还可以对图形进行造型调整。

选择"Shaper工具" ，按住鼠标左键粗略地绘制出几何图形的基本轮廓；松开鼠标，系统会生成精确的几何图形，如图3-69、图3-70所示。

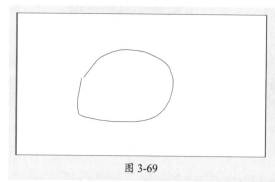

图 3-69

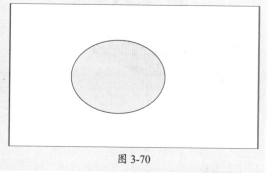

图 3-70

使用"Shaper工具"可以对形状重叠的位置进行涂抹，得到复合图形。绘制两个图形并重叠摆放，选择"Shaper工具"，将光标放置于重叠区域，按住鼠标绘制；松开鼠标，该区域将被删除，如图3-71、图3-72所示。

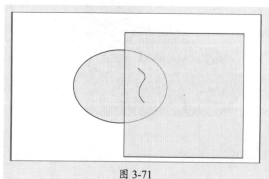

图 3-71

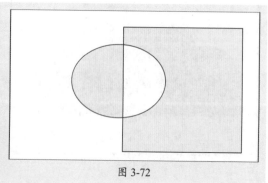

图 3-72

3.3.3　形状生成器工具——创建复杂形状

使用"形状生成器工具"，可以通过合并和涂抹简单的对象来创建复杂对象。

选择多个图形后，选择"形状生成器工具" ，或按Shift+M组合键选择该工具，单击或者按住鼠标左键拖动选定区域，如图3-73所示；操作结束，显示新形状，如图3-74所示。

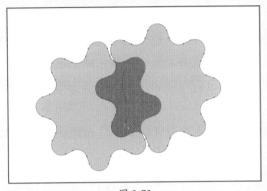

图 3-73

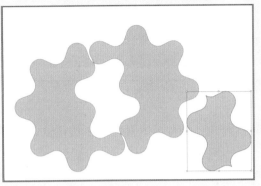

图 3-74

3.4　形状编辑调整

在图形绘制过程中，绘制的图形往往不能够满足需要，还需要利用其他工具对图形进行加工和编辑。使用橡皮擦工具组中的工具可以擦除、切断、断开图形。

3.4.1　橡皮擦工具——擦除图形

"橡皮擦工具" 可以删除对象中不需要的部分，而且可以对多个图形进行操作。在工具栏中双击"橡皮擦工具"，弹出"橡皮擦工具选项"对话框，如图3-75所示。

该对话框中主要选项的功能介绍如下。

● **角度**：设置橡皮擦的角度。当"圆度"为100%时，调整角度没有效果。

● **圆度**：设置橡皮擦笔尖的压扁程度，数值越大，越接近正圆形；数值越小，越接近椭圆形。

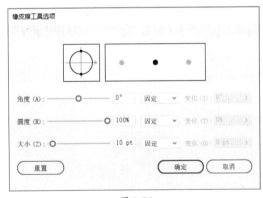

图 3-75

● **大小**：设置橡皮擦直径的大小，数值越大，擦除范围越大。

若未选择任何图形对象，使用该工具在擦除的图形位置上拖动鼠标，可擦除光标移动范围内的所有图形，如图3-76所示；若选择特定图形对象，只能擦除选中对象范围内的图形，如图3-77所示。

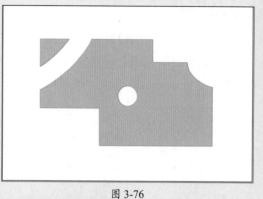

图 3-76

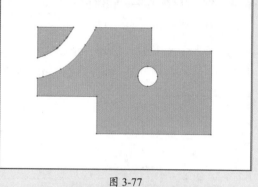

图 3-77

使用"橡皮擦工具"时，按住Shift键可以沿水平、垂直或者倾斜45°角进行擦除，如图3-78所示；按住Alt键可以以矩形的方式进行擦除，如图3-79所示。

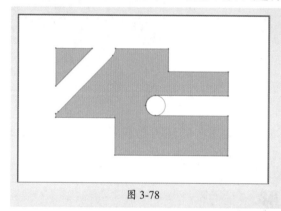

图 3-78

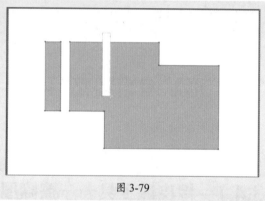

图 3-79

3.4.2 剪刀工具——切割图形

"剪刀工具" ✂ 主要用于切断路径或将图形变为断开的路径，如图3-80所示；它也可以将图像切断为多个部分，每个部分都有独立的属性，如图3-81所示。

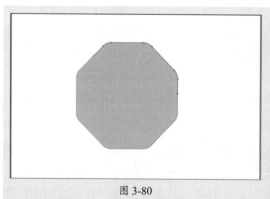

图 3-80

图 3-81

操作提示

"剪刀工具"常用于切点路径的段或锚点，而不是端点。

3.4.3 美工刀工具——剪切对象

"美术刀工具" 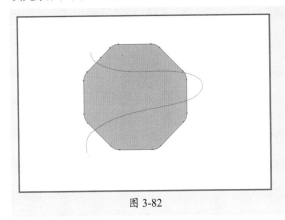可以通过绘制自由路径来剪切对象，将对象分割为成为其构成成分的填充表面（表面是未被线段分割的区域），如图3-82、图3-83所示。

图 3-82

图 3-83

课堂实战　绘制花瓶图形

本章课堂实战练习绘制花瓶图形，可综合练习本章的知识点，以熟练掌握和巩固绘图工具的使用技巧。下面介绍具体的操作思路。

步骤 01 使用"圆角矩形工具"绘制不同圆角半径的圆角矩形，其中作为花瓶瓶身的圆角矩形，上方圆角半径要大于下方圆角半径，如图3-84所示。

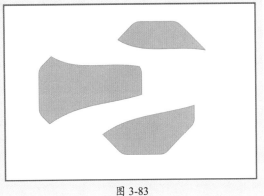

图 3-84

步骤 02 继续使用"圆角矩形工具"绘制白色圆角矩形，作为瓶身的标签，如图3-85所示。

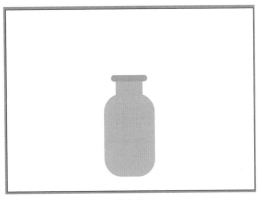

图 3-85

步骤 03 使用"弧线段工具"绘制花枝部分，如图3-86所示。

步骤 04 使用"椭圆工具"绘制正圆并填充颜色作为花球，如图3-87所示。

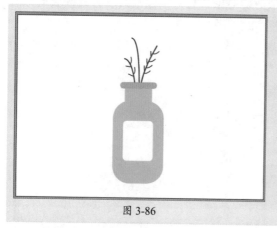

图 3-86

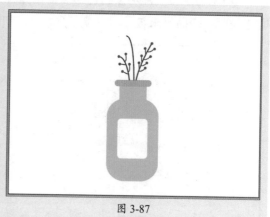

图 3-87

步骤 05 使用"圆角矩形工具"和"椭圆工具"绘制花朵图案。花瓣部分可以使用"直接选择工具"调整为上宽下窄的效果，复制后旋转叠加为花朵，绘制正圆作为花蕊，如图3-88所示。

步骤 06 使用"文字工具"输入标签文字并进行装饰，如图3-89所示。

图 3-88

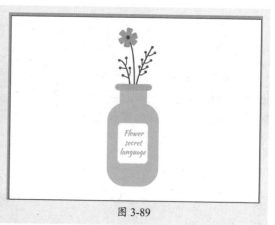

图 3-89

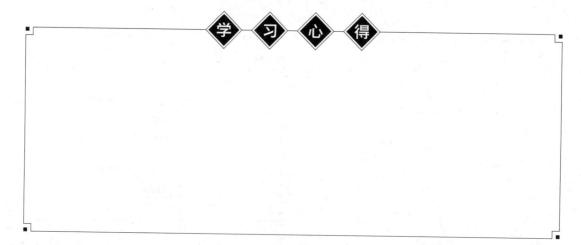

学 习 心 得

课后练习 绘制收音机图形

下面将综合使用绘图工具绘制收音机图形，效果如图3-90所示。

图 3-90

1. 技术要点

①选择"圆角矩形工具"绘制收音机机身、按钮等控件。

②选择"椭圆工具"绘制音响等控件。

③选择"直线段工具"绘制FM调频线。

2. 分步演示

演示步骤如图3-91所示。

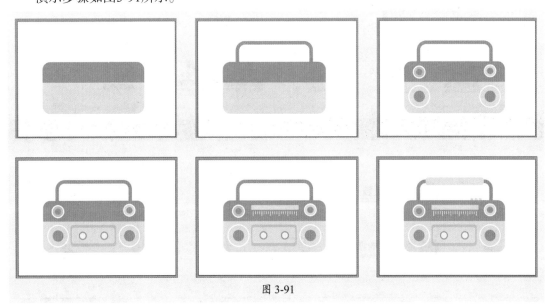

图 3-91

拓展赏析

城市地铁标志

　　地铁不仅是一个城市的重要公共交通工具，还能充分展现城市的经济发展水平。作为重头戏的地铁视觉设计，既要体现该城市的精神形象，也要符合历史文化底蕴。地铁标志的主体元素可以使用文字、字母进行变形，也可以由地域特色元素演变而成，例如郑州的"中"、宁波的"甬"、北京的"BDG"、苏州的"S"、南京的梅花、西安的城墙……

　　截至2022年，我国共开通了50余条地铁，相应的就有50多个地铁标志，下面以颜色进行分类欣赏，如图3-92所示。

1. 红色系

2. 蓝色系

3. 黄绿色系

图 3-92

第4章

路径的绘制与编辑

内容导读

本章将先认识路径和锚点；然后对路径的绘制与编辑进行讲解，包括绘制路径的钢笔工具、曲率工具、画笔工具，绘制和调整路径的铅笔工具、平滑工具、路径橡皮擦工具等；最后介绍编辑路径对象的连接、平均、简化、分割为网格等命令。

思维导图

认识路径和锚点

钢笔工具——万能绘制工具

曲率工具——绘制有弧度的路径

画笔工具——绘制自由路径

铅笔工具——绘制调整二合一

平滑工具——平滑路径

路径橡皮擦工具——断开和擦除路径

连接工具——连接路径

路径绘制工具

路径的绘制与编辑

路径的绘制与调整

编辑路径对象

连接——连接路径

平均——水平或垂直排列

轮廓化描边——转换为填充对象

偏移路径——扩大或收缩路径

简化——删除多余锚点

分割下方对象——剪切重合部分

分割为网格——图形转换为网格

路径查找器——组合对象

4.1 认识路径和锚点

路径是由锚点以及锚点之间的连线组成的，可通过调整一个路径上的锚点和线段来更改其形状，如图4-1所示。

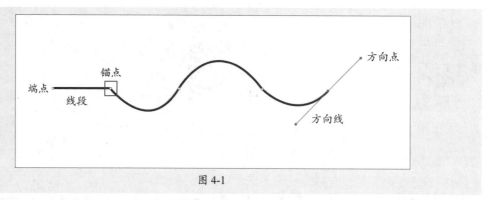

图 4-1

- **端点：**所有的路径段都以锚点开始和结束。代表整个路径开始和结束的锚点，叫作路径的端点。
- **线段：**线段是指一个路径上两锚点之间的部分。
- **锚点：**锚点是路径上的某一个点，用来标记路径段的端点，通过对锚点的调节，可以改变路径段的方向。锚点又分为"平滑锚点"和"尖角锚点"。其中，"平滑锚点"上带有方向线，而方向线决定了锚点的弧度。
- **方向线：**在一个曲线路径上，每个选中的锚点上显示一条或两条方向线。方向线总是与曲线上锚点所在的圆相切，每一条方向线的角度决定了曲线的曲率，而每一条方向线的长度将决定曲线弯曲的高度和深度。
- **方向点：**方向线的端点称为方向点，处于曲线段中间的锚点将有两个方向点，而路径的未端点只有一个方向点。方向点可以确定线段经过锚点时的曲率。

4.2 路径绘制工具

在Illustrator中，可以使用钢笔工具、曲率工具、画笔工具以及铅笔工具绘制曲线或直线段。

4.2.1 案例解析：绘制蘑菇简笔画

在学习如何使用路径工具绘制图形对象之前，可以跟随以下操作步骤了解并熟悉如何使用"钢笔工具""曲率工具"以及"画笔工具"等绘制蘑菇简笔画。

步骤01 使用"曲率工具"绘制一条两点直线，如图4-2所示。

步骤02 继续拖动绘制闭合路径，如图4-3所示。

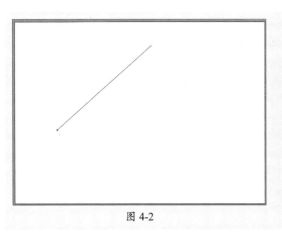

图 4-2

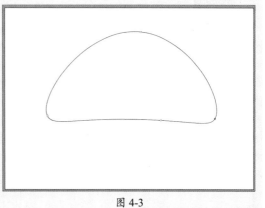

图 4-3

步骤 03 使用"曲率工具"调整图形形状，如图4-4所示。

步骤 04 选择"钢笔工具"，绘制闭合路径，如图4-5所示。

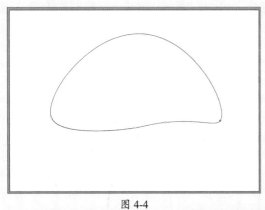

图 4-4

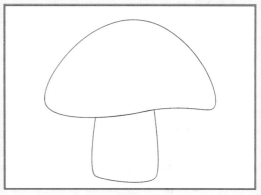

图 4-5

步骤 05 选择"椭圆工具"，按住Shift键绘制正圆，如图4-6所示。

步骤 06 选择"剪刀工具"，分别在边缘处单击以分割部分路径，如图4-7所示。

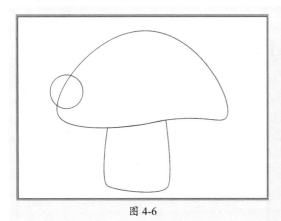

图 4-6

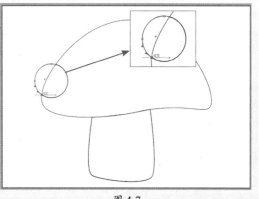

图 4-7

步骤 **07** 删除被分割的部分，如图4-8所示。

步骤 **08** 继续绘制不同大小的正圆，效果如图4-9所示。

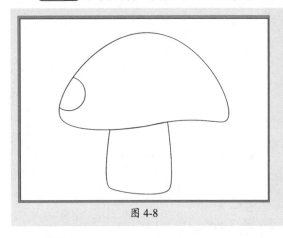
图 4-8

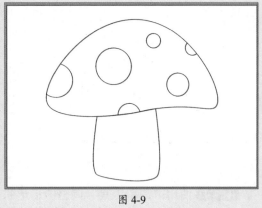
图 4-9

步骤 **09** 使用"选择工具"拖动框选所有路径，选择"画笔工具"，在控制栏中调整画笔参数，如图4-10所示。

步骤 **10** 效果如图4-11所示。

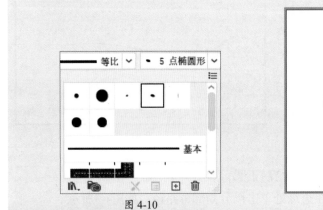
图 4-10

图 4-11

4.2.2 钢笔工具——万能绘制工具

钢笔工具可以使用锚点和手柄精确创建路径。

选择"钢笔工具" ✏️ ，按住Shift键可以绘制水平、垂直或以45°角倍增的直线路径，如图4-12所示。

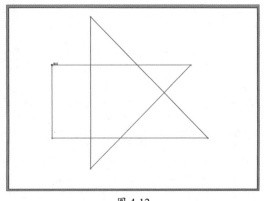
图 4-12

若绘制曲线线段，可以在曲线改变方向的位置添加一个锚点，然后拖动锚点构成曲线形状的方向线。方向线的长度和斜度决定了曲线的形状，如图4-13所示。

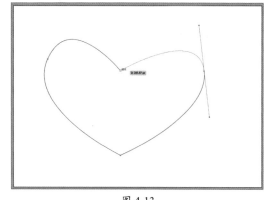

图 4-13

⒈添加和删除锚点

1）添加锚点

直接使用"钢笔工具" ✐或"添加锚点工具" ✐单击任意路径段，即可添加锚点，如图4-14、图4-15所示。

图 4-14

图 4-15

2）删除锚点

直接使用"钢笔工具" ✐或"删除锚点工具" ✐单击锚点，即可删除锚点，如图4-16、图4-17所示。

图 4-16

图 4-17

2. 锚点工具

"锚点工具"可以完成锚点类型切换,以形成角度或曲线。

选择"锚点工具" ⚲,将光标定位在需要转换类型的锚点上方,将方向点拖出角点以创建平滑点,如图4-18所示;单击平滑点,可创建没有方向线的角点;单击并拖动任意一边的方向点,可将平滑点转换成具有独立方向线的角点,如图4-19所示。

图 4-18 图 4-19

4.2.3 曲率工具——绘制有弧度的路径

"曲率工具"可以轻松创建并编辑曲线和直线。

选择"曲率工具" ✎,在画板上单击两点,绘制直线段。移动光标位置,将转变为曲线,如图4-20所示。继续绘制闭合路径后,则变成光滑有弧度的形状,如图4-21所示。

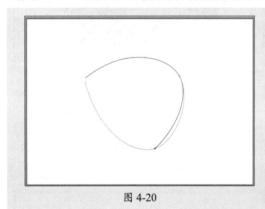 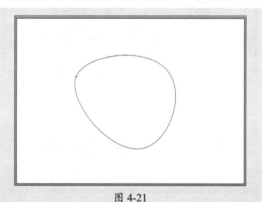

图 4-20 图 4-21

按住鼠标左键拖动锚点,可更改图形形状,如图4-22所示。

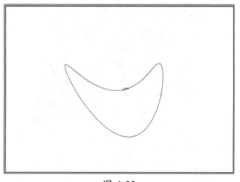

图 4-22

双击或连续两次单击一个点，可在平滑锚点或尖角锚点之间切换，如图4-23所示。

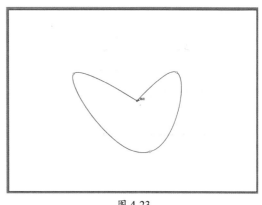

图 4-23

4.2.4　画笔工具——绘制自由路径

"画笔工具"可以在应用画笔描边的情况下绘制自由路径。

1. 画笔工具选项

选择"画笔工具" ✐，然后在工具栏中双击"画笔工具"，弹出"画笔工具选项"对话框，如图4-24所示。

该对话框中各选项的功能如下。

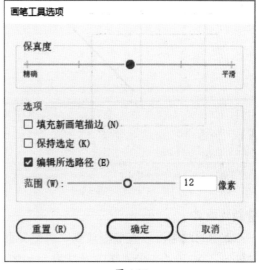

图 4-24

- **保真度**：决定所绘制的路径偏离光标轨迹的程度。数值越小，路径中的锚点数越多，绘制的路径越接近光标在页面中的移动轨迹。相反，数值越大，路径中的锚点数就越少，绘制的路径与光标的移动轨迹差别也就越大。
- **填充新画笔描边**：选择该复选框，可将填色应用于路径。
- **保持选定**：用于设置绘制路径之后是否保持选中状态。
- **编辑所选路径**：用于设置是否可以使用"画笔工具"更改现有路径。
- **范围**：用于确定光标或光笔须与现有路径相距多大距离之内，才能使用"画笔工具"来编辑路径。该选项仅在选择"编辑所选路径"复选框时可用。

2. "画笔"面板

执行"窗口"|"画笔"命令或按F5键，弹出"画笔"面板，如图4-25所示。单击"画笔"面板底部的"画笔库菜单"按钮 🔳，在弹出的菜单中可选择相应画笔，如图4-26所示。

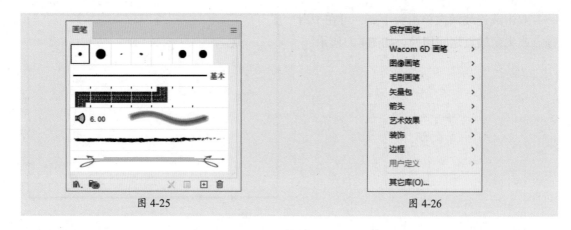

图 4-25   图 4-26

选择"画笔工具" ✏，按住Shift键可以绘制水平、垂直或以45°角倍增的直线路径，如图4-27所示。在控制栏中的"定义画笔"下拉列表或"画笔"面板中可以选择画笔类型，单击即可应用。图4-28所示为应用"炭笔 羽毛"画笔的效果。

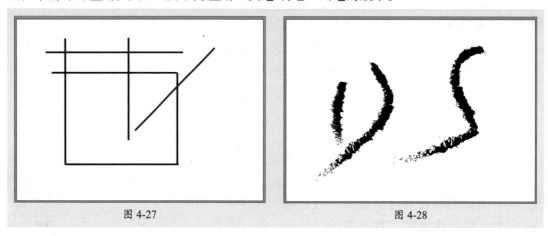

图 4-27   图 4-28

3. 新建画笔

新建的画笔可以直接拖放到"画笔"面板中。或在"画笔"面板中单击"新建画笔"按钮 ⊞，弹出"新建画笔"对话框，如图4-29所示。选择任意一个画笔类型，单击"确定"按钮，将打开相应画笔的选项对话框。图4-30所示为"书法画笔选项"对话框。

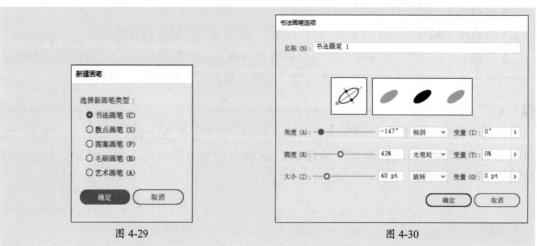

图 4-29   图 4-30

"新建画笔"对话框中各选项的功能如下。

- **书法画笔**：创建的描边类似于使用书法钢笔带拐角的尖绘制的描边以及沿路径中心绘制的描边。在使用斑点画笔工具 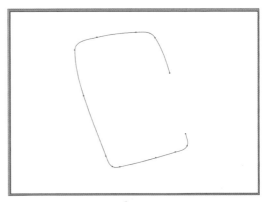 时，可以使用书法画笔进行上色并自动扩展画笔描边成填充形状，该填充形状会与其他具有相同颜色的填充对象（交叉在一起或其堆栈顺序是相邻的）进行合并。
- **散点画笔**：将一个对象的许多副本沿着路径分布。
- **图案画笔**：绘制一种图案，该图案由沿路径重复的各种拼贴组成。图案画笔最多可以包括5种拼贴，即图案的边线、内角、外角、起点和终点。
- **毛刷画笔**：使用毛刷创建具有自然画笔外观的画笔描边。
- **艺术画笔**：沿路径长度均匀拉伸画笔形状（如粗炭笔）或对象形状。

4.3　路径的绘制与调整

在Illustrator中，"铅笔工具"既能绘制路径又能调整路径，使用"平滑工具""路径橡皮擦工具"以及"连接工具"可以对现有路径进行调整。

4.3.1　案例解析：绘制手账本简笔画

在学习如何使用工具绘制与调整路径之前，可以跟随以下操作步骤了解并熟悉如何使用"铅笔工具"和"平滑工具"绘制手账本简笔画。

步骤 01 选择"铅笔工具"，在画板上绘制路径，如图4-31所示。

图 4-31

步骤 02 使用"平滑工具"涂抹路径使其平滑，如图4-32所示。

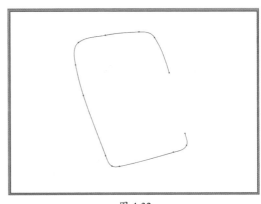

图 4-32

步骤 03 继续绘制和平滑路径，如图4-33所示。

步骤 04 使用相同的方法继续绘制并平滑路径，如图4-34所示。

图 4-33

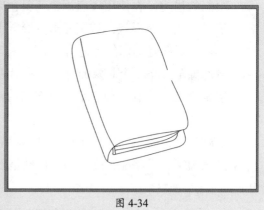

图 4-34

步骤 05 使用相同的方法绘制一个平滑的圆形，如图4-35所示。

步骤 06 使用相同的方法绘制四条平滑的路径，如图4-36所示。

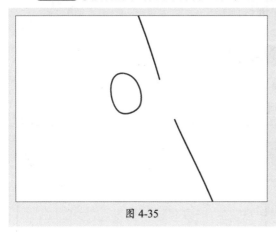

图 4-35

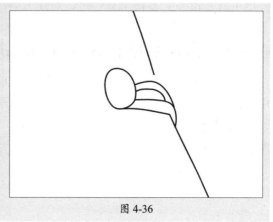

图 4-36

步骤 07 选择部分路径，使用"铅笔工具"进行调整，如图4-37所示。

步骤 08 按Ctrl+A组合键全选图形，在"铅笔工具"控制栏中设置画笔样式为"3点椭圆形"，效果如图4-38所示。

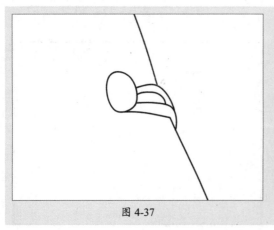

图 4-37

图 4-38

4.3.2 铅笔工具——绘制调整二合一

"铅笔工具"可绘制开放路径和闭合路径，也可以对绘制好的图像进行调整。

选择"铅笔工具" ✐，在画板上按住鼠标左键拖动即可绘制路径。按住Shift键绘制的图形限制为0°、45°或90°的直线段，如图4-39所示；按住Alt键可以绘制不受角度控制的直线段，如图4-40所示。

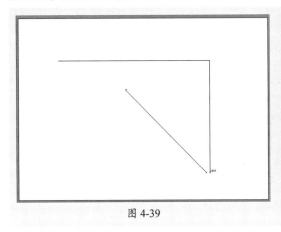

图 4-39

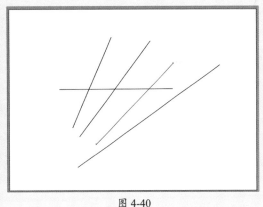

图 4-40

选择已有路径，将铅笔笔尖定位到路径端点，当铅笔笔尖旁边的小图标消失时拖动即可更改路径，如图4-41、图4-42所示。选择两条路径后，使用"铅笔工具"可以将它们连接起来。

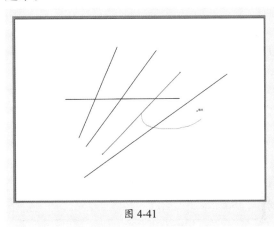

图 4-41

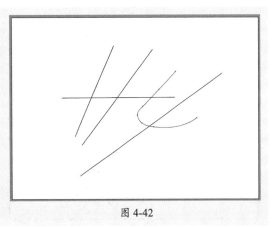

图 4-42

4.3.3　平滑工具——平滑路径

"平滑工具"可以使路径变得平滑。

选中路径后，选择"平滑工具" 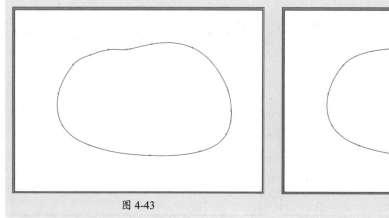，按住鼠标左键在需要平滑的区域拖动，即可使其变平滑，如图4-43、图4-44所示。

图 4-43　　　　　　　　　　　图 4-44

4.3.4　路径橡皮擦工具——断开和擦除路径

"路径橡皮擦工具"可以擦除路径，使路径断开。

选中路径后，选择"路径橡皮擦工具" 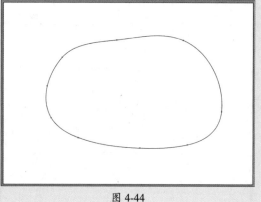，按住鼠标左键在需要擦除的区域拖动，即可擦除该部分，如图4-45、图4-46所示。

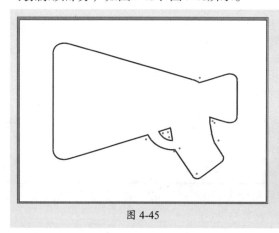

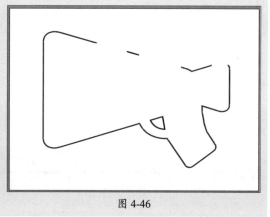

图 4-45　　　　　　　　　　　图 4-46

4.3.5　连接工具——连接路径

"连接工具"可以连接相交的路径，多余的部分会被修剪掉，也可以闭合两条开放路径之间的间隙。

使用"连接工具"在需要连接的位置拖动，即可连接路径，如图4-47、图4-48所示。

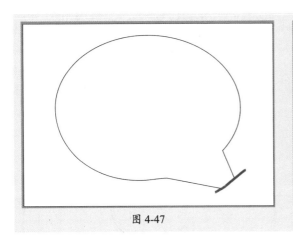

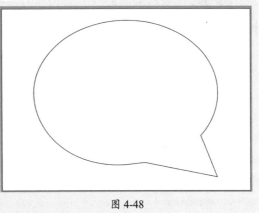

图 4-47   图 4-48

4.4　编辑路径对象

执行"对象"|"路径"命令,在其子菜单中可以看到多个与路径有关的命令,如图4-49所示。通过这些命令,可以更好地帮助用户编辑路径对象。下面将对部分常用的命令进行介绍。

路径(P)	>
形状(P)	>
图案(E)	>
重复	>
混合(B)	>
封套扭曲(V)	>
透视(P)	>
实时上色(N)	>
图像描摹	>
文本绕排(W)	>
剪切蒙版(M)	>
复合路径(O)	>

连接(J)	Ctrl+J
平均(V)...	Alt+Ctrl+J
轮廓化描边(U)	
偏移路径(O)...	
反转路径方向(E)	
简化(M)...	
添加锚点(A)	
移去锚点(R)	
分割下方对象(D)	
分割为网格(S)...	
清理(C)...	

图 4-49

4.4.1　案例解析:制作线条文字路径

在学习如何编辑路径对象之前,可以跟随以下操作步骤了解并熟悉如何使用"弯度钢笔工具"和"偏移路径"命令制作线条文字。

步骤 01 选择"弯度钢笔工具",绘制路径,如图4-50所示。

步骤 02 在控制栏中更改参数,效果如图4-51所示。

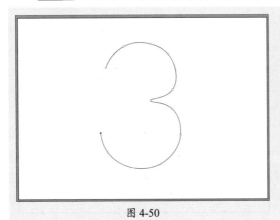

图 4-50   图 4-51

步骤 03 选择绘制的路径，执行"对象"|"路径"|"偏移路径"命令，在弹出的"偏移路径"对话框中设置参数，如图4-52所示。

步骤 04 效果如图4-53所示。

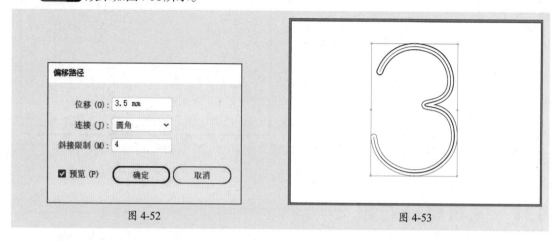

图 4-52　　　　　　　　　　　　　　　　　　　图 4-53

步骤 05 继续执行两次"偏移路径"命令，效果如图4-54所示。

步骤 06 选择全部路径，在控制栏中更改描边颜色，效果如图4-55所示。

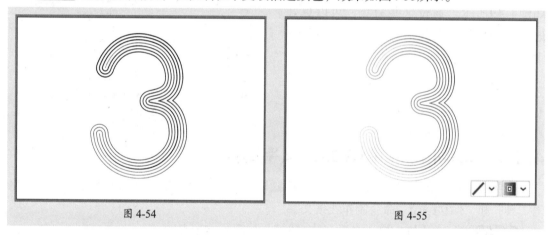

图 4-54　　　　　　　　　　　　　　　　　　　图 4-55

4.4.2　连接——连接路径

"连接"命令可以连接两个锚点，从而闭合路径或将多个路径连接到一起。

选中要连接的锚点，如图4-56所示。

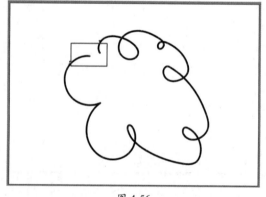

图 4-56

执行"对象"|"路径"|"连接"命令
或按Ctrl+J组合键，即可连接路径，如图4-57
所示。

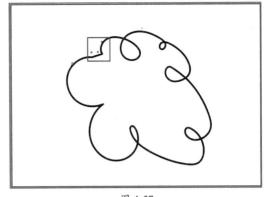

图 4-57

4.4.3　平均——水平或垂直排列

"平均"命令可以使选中的锚点排列在同一水平线或垂直线上。

选中要更改的路径后，执行"对象"|"路径"|"平均"命令或按Alt+Ctrl+J组合键，在弹出的"平均"对话框中选择平均参数，如图4-58所示。单击"确定"按钮，效果如图4-59所示。

图 4-58

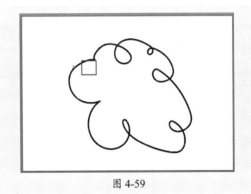

图 4-59

4.4.4　轮廓化描边——转换为填充对象

"轮廓化描边"命令是一个非常实用的命令，该命令可以将路径描边转换为独立的填充对象，以便单独进行设置。

选中带有描边的对象，如图4-60所示，执行"对象"|"路径"|"轮廓化描边"命令，即可将路径转换为轮廓，取消分组后的效果如图4-61所示。

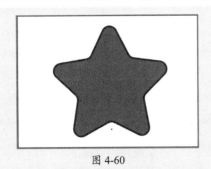

图 4-60

图 4-61

4.4.5　偏移路径——扩大或收缩路径

"偏移路径"命令可以使路径向内或向外偏移指定距离，且原路径不会消失。

选中要偏移的路径，如图4-62所示，执行"对象"|"路径"|"偏移路径"命令，在弹出的对话框中设置偏移的距离和连接方式后，单击"确定"按钮，即可按照设置偏移路径，如图4-63所示。

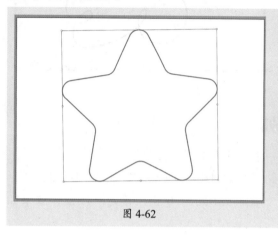

图 4-62

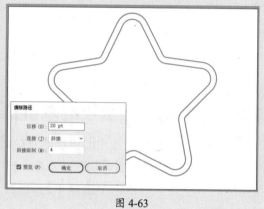

图 4-63

4.4.6　简化——删除多余锚点

"简化"命令可以通过减少路径上的锚点减少路径细节。

选中要简化的路径，如图4-64所示。

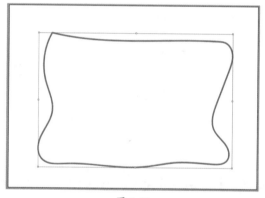

图 4-64

执行"对象"|"路径"|"简化"命令，在画板上显示简化路径控件，向右拖动为最少锚点数 ，向左拖动为最大锚点数 ，如图4-65所示。

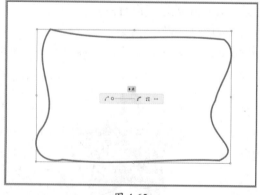

图 4-65

在简化路径控件中，单击 按钮会为自动简化，单击 ···
按钮会显示更多选项，如图4-66所示。

该对话框中部分选项的功能介绍如下。

● **简化曲线**：设置简化路径和原路径的接近程度，数值越
大越接近。

● **角点角度阈值**：设置角的平滑度。若角点的角度小于角
度阈值，将不更改该角点。如果曲线精度值低，该选项
将保持角锐利。

● **转换为直线**：选择该复选框，可以在对象的原始锚点间
创建直线。

● **显示原始路径**：选择该复选框，将显示原始路径。

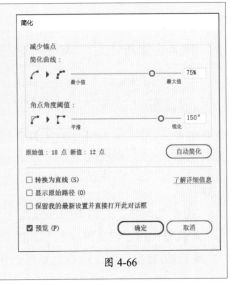

图 4-66

4.4.7 分割下方对象——剪切重合部分

"分割下方对象"命令就像切刀或剪刀一样，使用选定的对象切穿其他对象，并丢弃原
来所选的对象。

选中对象路径，如图4-67所示，执行"对象"|"路径"|"分割下方对象"命令，移动
重叠部分，即可得到分割后的新图形，如图4-68所示。

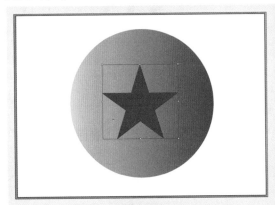

图 4-67

图 4-68

4.4.8 分割为网格——将图形转换为网格

"分割为网格"命令可以将对象转换为矩形网格。

选中对象路径，执行"对象"|"路径"|"分割为网格"命令，在对话框中设置参数，
如图4-69所示。单击"确定"按钮，即可将对象转换为网格，如图4-70所示。

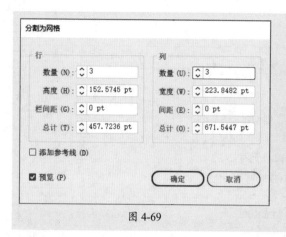

图 4-69

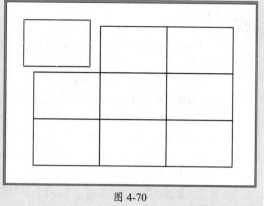

图 4-70

"分割为网格"对话框中部分选项的功能介绍如下。

- **数量:** 用于设置网格行和列的数量。
- **高度/宽度:** 用于设置网格单行的高度或单列的宽度。
- **栏间距/间距:** 用于设置网格行与行、列与列之间的距离。

4.4.9 路径查找器——组合对象

"路径查找器"面板中的按钮可以对重叠的对象进行指定的运算,从而得到新的图形效果。执行"窗口"|"路径查找器"命令,即可打开"路径查找器"面板,如图4-71所示。

该面板中各按钮的功能如下。

图 4-71

- **联集■:** 单击该按钮,将合并选中的对象,并保留顶层对象的上色属性。
- **减去顶层■:** 单击该按钮,将从最后面的对象中减去最前面的对象。
- **交集■:** 单击该按钮,将仅保留重叠区域。
- **差集■:** 单击该按钮,将保留未重叠区域。
- **分割■:** 单击该按钮,可以将一份图稿分割成由组件填充的表面(表面是未被线段分割的区域)。
- **修边■:** 单击该按钮,将删除已填充对象被隐藏的部分。它会删除所有描边且不合并相同颜色的对象。
- **合并■:** 单击该按钮,将删除已填充对象被隐藏的部分。它会删除所有描边且合并具有相同颜色的相邻或重叠的对象。
- **裁剪■:** 单击该按钮,可将图稿分割成由组件填充的表面。它会删除图稿中所有落在最上方对象边界之外的部分,且会删除所有描边。
- **轮廓■:** 单击该按钮,可将对象分割为其组件线段或边缘。
- **减去后方对象■:** 单击该按钮,将从最前面的对象中减去后面的对象。

课堂实战 绘制齿轮图形

本章课堂实战练习绘制齿轮图形，可综合练习本章的知识点，以熟练掌握和巩固路径绘图工具以及调整工具的使用技巧。下面将介绍具体的操作思路。

步骤 01 绘制正圆后，执行"对象"|"路径"|"轮廓化描边"命令，将路径转换为轮廓，如图4-72所示。

步骤 02 绘制矩形后，使用"直接选择工具"将其调整为梯形，如图4-73所示。

步骤 03 选中调整后的矩形，选择"旋转工具" ↻，按住Alt键移动矩形旋转中心点至圆形圆心处，松开按键，弹出"旋转"对话框，设置角度为30°，单击"复制"按钮，效果如图4-74所示。

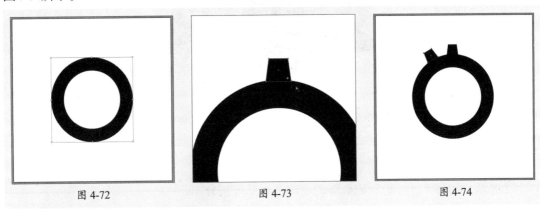

图 4-72　　　　　　　　　图 4-73　　　　　　　　　图 4-74

步骤 04 按Ctrl+D组合键连续复制图形，如图4-75所示。

步骤 05 选中矩形和圆形，执行"窗口"|"路径查找器"命令，打开"路径查找器"面板。单击"联集"按钮 ▇，将其合并为整体，如图4-76所示。

步骤 06 按住Shift键选择外部边缘路径锚点，按住Alt键调整锚点为圆角状态，效果如图4-77所示。

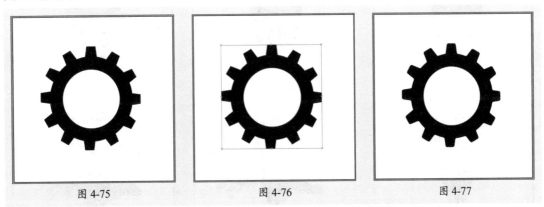

图 4-75　　　　　　　　　图 4-76　　　　　　　　　图 4-77

课后练习 绘制猫头鹰卡通图案

下面将综合使用绘制工具绘制猫头鹰卡通图案，效果如图4-78所示。

图 4-78

▌1. 技术要点

①选择"钢笔工具"绘制猫头鹰的身体、树枝等部分。

②选择"椭圆工具"绘制猫头鹰的眼睛、树叶等部分。

③选择"弯度钢笔工具"绘制背景。

▌2. 分步演示

演示步骤如图4-79所示。

图 4-79

非物质文化遗产

　　根据联合国教科文组织的《保护非物质文化遗产公约》定义，非物质文化遗产指各群体、团体（有时为个人）所视为其文化遗产的各种实践、表演、表现形式、知识体系和技能及其有关的工具、实物、工艺品和文化场所。

　　非物质文化遗产包括传统口头文学以及作为其载体的语言、传统美术等。截至2022年，我国共有43个项目列入联合国教科文组织非物质文化遗产名录、名册，其中包括中国篆刻、中国雕版印刷技艺、中国书法、中国剪纸、中国传统木结构建筑营造技艺、南京云锦制造技艺、热贡艺术、宣纸传统制作技艺、中国皮影戏、活字印刷，等等，如图4-80所示。

中国雕版印刷技艺

中国剪纸

中国传统木结构建筑营造技艺

南京云锦制造技艺

热贡艺术

中国皮影戏

图 4-80

第**5**章

颜色填充与描边

内容导读

　　本章将对颜色填充与描边的相关知识进行讲解，主要包括使用吸管工具、"色板"面板、"描边"面板填充颜色与描边；使用渐变工具搭配"渐变"面板填充渐变色；使用网格工具创建网格渐变填充；使用实时上色工具进行智能化填充等内容。

思维导图

```
"渐变"面板——设置渐变参数
                                                          吸管工具——赋予颜色和属性
                                渐变填充
渐变工具——创建渐变                              填充与描边    "颜色"面板——设置填充或描边

                                                          "色板"面板——预设填充或描边

                          颜色填充与描边              "图案"面板——填充预设图案

创建网格对象                                              "描边"面板——设置描边参数

更改网格点颜色和透明度          网格填充      实时上色    创建实时上色组

更改网格点显示状态                                        选择表面和边缘

                                                          释放或扩展实时上色组
```

5.1 填充与描边

5.1.1 案例解析：绘制对话框

在学习填充与描边之前，可以跟随以下操作步骤了解并熟悉如何使用绘图工具、"描边"面板绘制对话框。

步骤 01 选择"矩形工具"，绘制矩形并填充颜色（R：197、G：231、B：247），按Ctrl+2组合键锁定图层，如图5-1所示。

步骤 02 选择"钢笔工具"，绘制对话框路径并填充颜色（R：197、G：231、B：247），如图5-2所示。

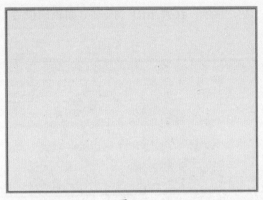
图 5-1

图 5-2

步骤 03 选中对话框，按Ctrl+C组合键复制图形，按Ctrl+V组合键粘贴图形，如图5-3所示。

步骤 04 在控制栏中设置填充为无，描边为白色，粗细为2pt，效果如图5-4所示。

图 5-3

图 5-4

步骤 05 选择描边路径，执行"对象"|"路径"|"偏移路径"命令，在弹出的"偏移路径"对话框中设置参数，如图5-5所示。效果如图5-6所示。

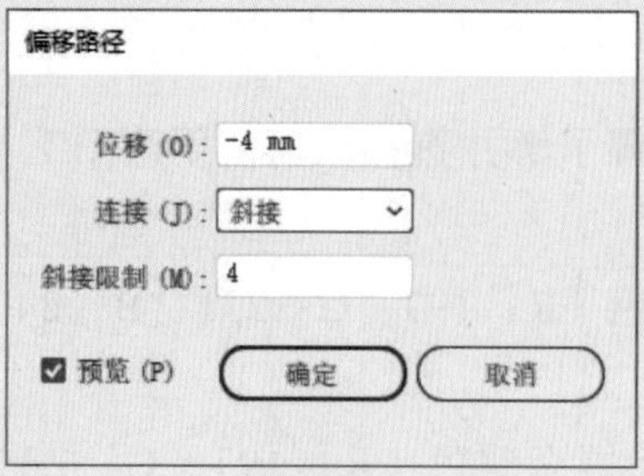

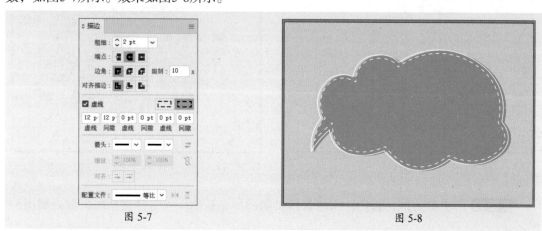

图 5-5    图 5-6

步骤 06 选择偏移路径，执行"窗口"|"描边"命令，在弹出的"描边"面板中设置参数，如图5-7所示。效果如图5-8所示。

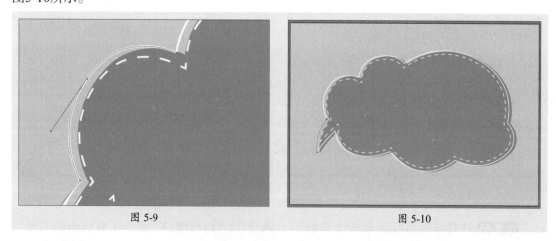

图 5-7   图 5-8

步骤 07 选择描边路径，使用"剪刀工具"分别在弧形锚点处单击以断开路径，如图5-9、图5-10所示。

图 5-9   图 5-10

步骤 08 在"图层"面板中，选择被切割的路径图层，如图5-11所示。
步骤 09 在控制栏中更改宽度文件样式，效果如图5-12所示。

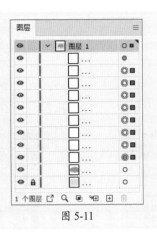

图 5-11

图 5-12

5.1.2 吸管工具——赋予颜色和属性

　　Illustrator中的"吸管工具"不仅可拾取颜色，还可拾取对象的属性，并赋予其他矢量对象。矢量图形的描边样式、填充颜色，文字对象的字符属性、段落属性，位图中的某种颜色，都可通过"吸管工具"来实现"复制"相同的样式。选择需要被赋予的图形后，如图5-13所示，用"吸管工具" 单击目标对象，即可添加相同的属性，如图5-14所示。

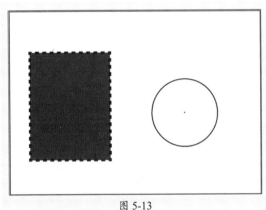

图 5-13

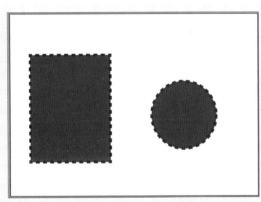

图 5-14

　　若在吸取的时候按住Shift键，则只填充颜色，如图5-15、图5-16所示。

图 5-15

图 5-16

双击"吸管工具" ✐，在弹出的"吸管选项"对话框中可设置吸取与应用的内容，如图5-17所示。

图 5-17

5.1.3 "颜色"面板——设置填充或描边

"颜色"面板可以为对象填充单色或设置单色描边。

执行"窗口"|"颜色"命令，打开"颜色"面板。该面板可使用不同颜色模式显示颜色值，图5-18所示为选择CMYK颜色模式的"颜色"面板。

选择图形对象，在色谱中拾取颜色进行填充，如图5-19所示。单击"互换填充和描

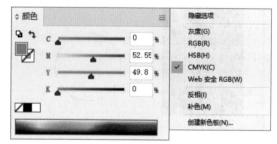

图 5-18

边颜色"按钮 ⤾，可调换填充和描边颜色。单击 ✐ 按钮，可设置描边颜色，如图5-20所示。在控制栏或"属性"面板中，可设置描边粗细。

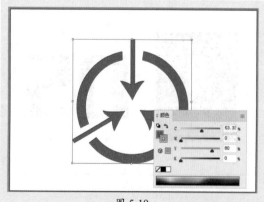

图 5-19

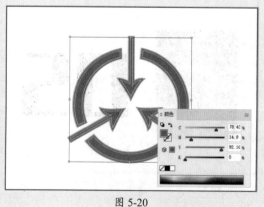

图 5-20

5.1.4　"色板"面板——预设填充或描边

"色板"面板可以为对象添加颜色、渐变或图案及描边。

执行"窗口"|"色板"命令，打开"色板"面板，如图5-21所示。选中要填色或描边的对象，在"色板"面板中单击"填色"按钮 ▨ 或"描边"按钮 ☑，单击色板中的颜色、图案或渐变，即可为对象添加相应的颜色、图案或描边。

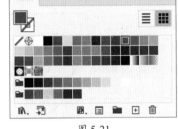

图 5-21

该面板中部分常用选项的功能介绍如下。

- **显示列表视图 ≡：** 单击该按钮，可切换"色板"面板为以列表视图显示，如图5-22所示。
- **"色板库"菜单 ▥.：** 色板库中包括Illustrator软件中预设的所有颜色。单击该按钮，在弹出的菜单中选择库，即可打开相应的色板库面板。图5-23所示为打开的"浅色"面板，该面板的使用方法与"色板"面板一致。

图 5-22

图 5-23

- **显示"色板类型"菜单 ▦：** 单击该按钮，在弹出的菜单中执行命令，可以使"色板"面板中仅显示相应类型的色板。
- **色板选项 ▤：** 单击该按钮，在弹出的对话框中可以设置色板名称、颜色类型、颜色模式等参数，如图5-24所示。
- **新建颜色组 ▥：** 选择一个或多个色板后单击该按钮，可将这些色板存储在一个颜色组中。
- **新建色板 ▣：** 选中对象，单击该按钮，在弹出对话框中可以设置色板名称、颜色类型、颜色模式等参数，如图5-25所示。需要注意的是，选择带有颜色、渐变或图案的不同对象时，单击该按钮打开的"新建色板"对话框也有所不同。
- **删除色板 🗑：** 单击该按钮，将删除选中的色板。

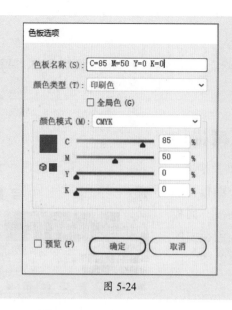

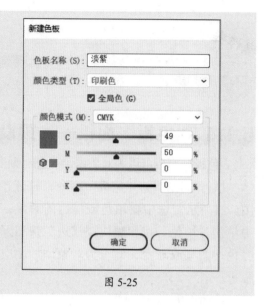

图 5-24

图 5-25

操作提示

执行"窗口"|"色板库"命令，在其子菜单中执行色板库命令，同样可以打开相应的色板库面板。

5.1.5 "图案"面板——填充预设图案

除了颜色和渐变填充外，Illustrator软件中还提供了多种图案，以帮助用户制作出更加精美的效果。在"色板"面板或"窗口"|"色板库"|"图案"命令菜单中，有基本图形、自然和装饰三大类预设图案。图5-26所示为装饰中的"Vonster图案"面板，图5-27所示为应用图案效果。

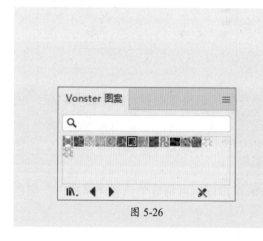

图 5-26

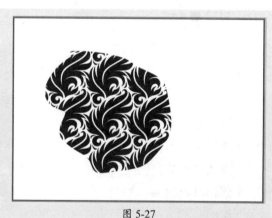

图 5-27

若想添加新的图案，可以选中要添加的图案对象，执行"对象"|"图案"|"建立"命令，在"图案选项"面板中设置参数，如图5-28所示，效果如图5-29所示。

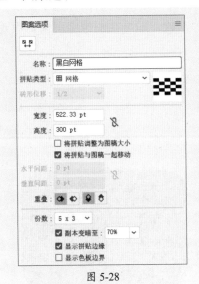

图 5-28

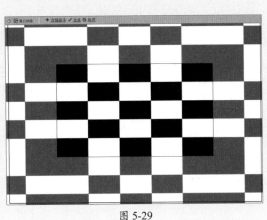

图 5-29

"图案选项"面板中部分选项的功能介绍如下。

- **拼贴类型：**用于设置拼贴排列的方式，包括网格、砖形（按行）、砖形（按列）、十六进制（按列）和十六进制（按行）5种。其中，网格拼贴中每个拼贴的中心与相邻拼贴的中心均为水平和垂直对齐；砖形（按行）拼贴中每个拼贴呈矩形，按行排列；砖形（按列）拼贴中每个拼贴呈矩形，按列排列；十六进制（按列）拼贴中每个拼贴呈六角形，按列排列；十六进制（按行）拼贴中每个拼贴呈六角形，按行排列。

- **砖形位移：**选择砖形拼贴时，用于设置相邻行中的拼贴中心在垂直对齐时错开多少拼贴宽度，或相邻列中的拼贴中心在水平对齐时错开多少拼贴高度。

- **宽度/高度：**用于设置拼贴的整体高度和宽度。大于图稿大小的值会使拼贴变得比图稿更大，并会在各拼贴之间插入空白；小于图稿大小的值会使相邻拼贴中的图稿出现重叠现象。

- **将拼贴调整为图稿大小：**选择该复选框，可将拼贴的大小缩放到当前创建图案所用图稿的大小。

- **将拼贴与图稿一起移动：**选择该复选框，可确保在移动图稿时拼贴一并移动。

- **水平间距/垂直间距：**用于设置相邻拼贴间的距离。

- **重叠：**用于确定相邻拼贴重叠时，哪些拼贴在前。

- **份数：**用于设置在修改图案时，有多少行和列的拼贴可见。

- **副本变暗至：**选择该复选框，可设置在修改图案时，预览的图稿拼贴副本的不透明度。

- **显示拼贴边缘：**选择该复选框，可在拼贴周围显示一个框。

- **显示色板边界：**选择该复选框，可在色板周围显示一个框。

5.1.6 "描边"面板——设置描边参数

执行"窗口"|"描边"命令，可打开"描边"面板，如图5-30所示。选中要设置描边的对象，在该面板中设置描边的粗细、端点、边角等参数，即可在图像编辑窗口中观察到效果，如图5-31所示。

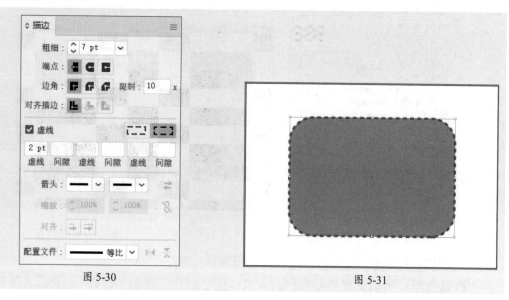

图 5-30   图 5-31

"描边"面板中常用参数的功能介绍如下。

- **粗细：** 用于设置选中对象的描边粗细。
- **端点：** 用于设置端点样式，包括平头端点 、圆头端点 和方头端点 3种。
- **边角：** 用于设置拐角样式，包括斜接连接 、圆角连接 和斜角连接 3种。
- **限制：** 用于控制程序在何种情形下由斜接连接切换成斜角连接。
- **对齐描边：** 用于设置描边路径对齐样式。当对象为封闭路径时，可激活全部选项。
- **虚线：** 选择该复选框，将激活虚线选项。用户可以输入数值来设置虚线与间隙的大小。
- **箭头：** 用于添加箭头。
- **缩放：** 用于调整箭头大小。
- **对齐：** 用于设置箭头与路径的对齐方式。
- **配置文件：** 用于选择预设的宽度配置文件，以改变线段宽度，制作造型各异的路径效果。

操作提示

除了"描边"面板外，用户还可以选中对象后在控制栏中单击"描边"按钮 描边：，在弹出的面板中设置描边参数。

5.2 渐变填充

渐变色在生活中非常常见。所谓渐变，即两种或多种颜色之间或同一颜色的不同色调之间的逐渐混合。通过渐变，可以制作出更加绚丽的色彩效果。

5.2.1 案例解析：制作循环渐变效果

在学习渐变填充之前，可以跟随以下操作步骤了解并熟悉如何使用绘图工具和"渐变"面板制作循环渐变效果。

步骤 01 选择"矩形工具"，绘制矩形并填充颜色（R：227、G：250、B：252），如图5-32所示。按Ctrl+2组合键锁定图层。

步骤 02 选择"矩形工具"，在右上角绘制矩形，并填充颜色（R：51、G：158、B：163），如图5-33所示。

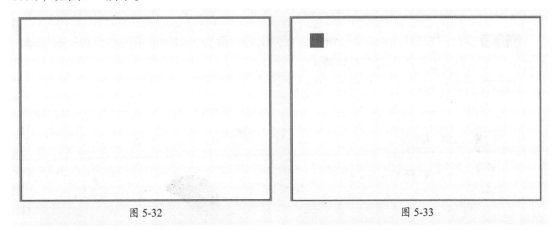

图 5-32　　　　　　　　　　　　　　　　　图 5-33

步骤 03 按住Alt键移动复制矩形，更改填充颜色为（R：151、G：214、B：221），如图5-34所示。按Ctrl+2组合键锁定图层。

步骤 04 选择"椭圆工具"，按住Shift键绘制正圆，如图5-35所示。

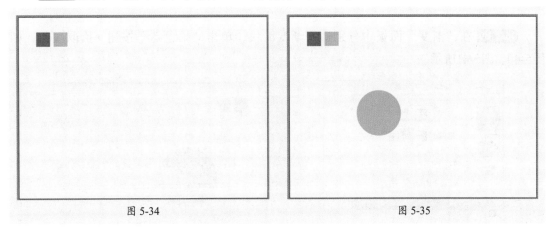

图 5-34　　　　　　　　　　　　　　　　　图 5-35

步骤 05 在工具栏中单击"互换填色和描边"按钮 ⤵，在控制栏中设置描边参数为100pt，效果如图5-36所示。

步骤 06 按住Shift键调整圆环大小，使中间空白部分消失，如图5-37所示。

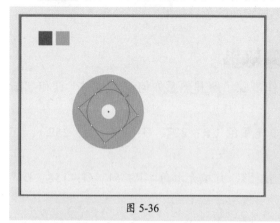

图 5-36

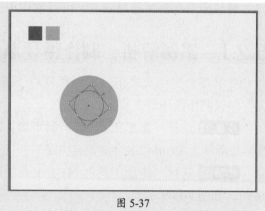

图 5-37

步骤 07 执行"窗口"|"渐变"命令，在弹出的"渐变"面板中单击"描边"按钮 ▣，设置渐变类型和描边类型，如图5-38所示。

步骤 08 将渐变旋转30°，如图5-39所示。

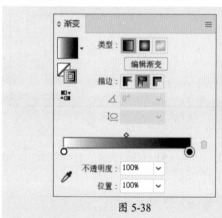

图 5-38

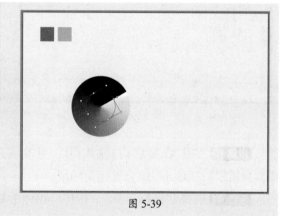

图 5-39

步骤 09 在"渐变"面板中分别选择渐变滑块，单击"拾色器"按钮 ✐ 拾取颜色，如图5-40、图5-41所示。

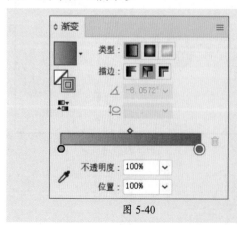

图 5-40

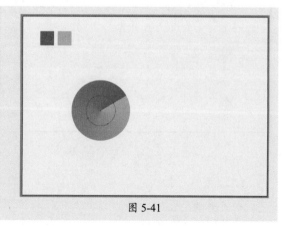

图 5-41

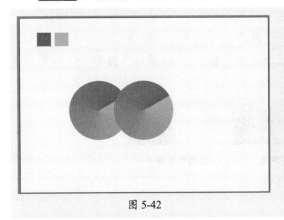

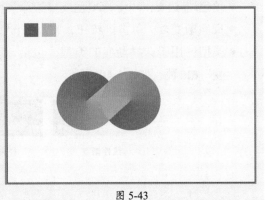

步骤 10 按住Alt键移动复制圆形，如图5-42所示。

步骤 11 调整渐变角度，使其为切线状态，如图5-43所示。

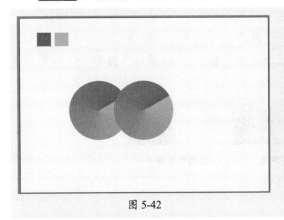

图 5-42

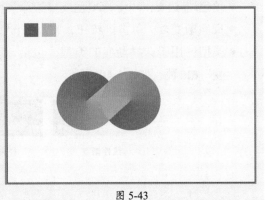

图 5-43

步骤 12 分别选择图形，在"渐变"面板中调整渐变滑块，使其过渡得更加自然。图5-44、图5-45所示分别为左、右两边图形渐变参数。最终效果如图5-46所示。

图 5-44

图 5-45

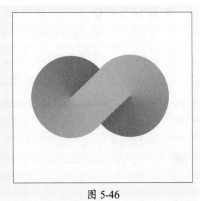

图 5-46

5.2.2 "渐变"面板——设置渐变参数

"渐变"面板可以精确地控制渐变颜色的属性。

选择图形对象后，执行"窗口"|"渐变"命令，打开"渐变"面板，在该面板中选择任意一个渐变类型激活渐变，在渐变色条中可以更改颜色，如图5-47、图5-48所示。

图 5-47

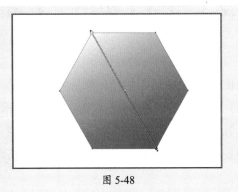

图 5-48

"渐变"面板中部分按钮的功能如下。

- **渐变**▣：单击该按钮，可赋予填色或描边渐变色。
- **填色/描边**▣：用于为填色或描边添加渐变并进行设置。
- **反向渐变**▤：单击该按钮，将反转渐变颜色。
- **类型**：用于选择渐变的类型，包括"线性渐变"▣、"径向渐变"▣和"任意形状渐变"▣3种，如图5-49所示。

图 5-49

- **编辑渐变**：单击该按钮，将切换至"渐变工具"▣，进入渐变编辑模式。
- **描边**：用于设置描边渐变的样式。该区域中的按钮仅在为描边添加渐变时激活。
- **角度**◿：用于设置渐变的角度。
- **渐变滑块**○：双击该按钮，在弹出的面板中可设置该渐变滑块的颜色，默认为灰度模式，如图5-50所示。单击该面板中的菜单按钮▤，在弹出的菜单中选取其他颜色模式，可设置更加丰富的颜色，图5-51所示为选择CMYK颜色模式时的效果。在Illustrator软件中，渐变默认包括两个滑块，若想添加新的渐变滑块，移动光标至渐变滑块之间单击即可，如图5-52所示。

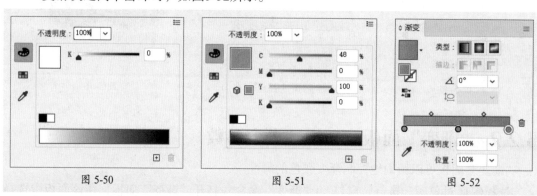

图 5-50   图 5-51   图 5-52

5.2.3 渐变工具——创建渐变

使用"渐变工具"或"渐变"面板可以创建或修改渐变。

选中填充渐变的对象，选择"渐变工具"▣，即可在该对象上方看到渐变批注者。渐变批注者是一个滑块，该滑块会显示起点、终点、中点以及起点和终点对应的两个色标，图5-53所示为径向渐变批注者。通过拖动渐变滑块的圆环端（起点），可以更改渐变的原点位置；通过拖动箭头端（终点），可以增大或减小渐变的范围。若将指针置于终点上方，会显示一个旋转光标，使用该光标可更改渐变的角度，如图5-54所示。

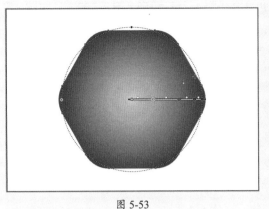

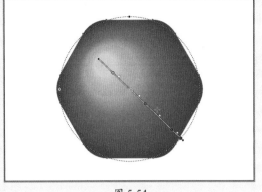

图 5-53　　　　　　　　　　　　　　　　　　图 5-54

操作提示

执行"视图"|"隐藏渐变批注者"或"视图"|"显示渐变批注者"命令，可以控制渐变批注者的隐藏和显示。

5.3　网格填充

网格工具主要用于在图像上创建网格，通过设置网格点上的颜色，可以使其沿不同方向顺畅分布且从一点平滑过渡到另一点。通过移动和编辑网格线上的点，可以更改颜色的变化强度，或者更改对象上的着色区域。

5.3.1　案例解析：制作弥散渐变背景效果

在学习网格填充之前，可以跟随以下操作步骤了解并熟悉如何使用绘图工具、"网格工具"制作弥散渐变背景效果。

步骤 01 选择"矩形工具"，绘制矩形并填充颜色（R：253、G：253、B：253），如图5-55所示。

步骤 02 用"网格工具"单击添加网格点，如图5-56所示。

图 5-55

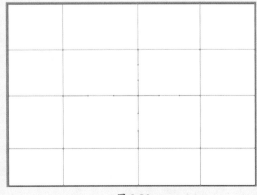

图 5-56

步骤 03 分别选择对角的网格点并填充颜色（R：254、G：253、B：202），如图5-57所示。

步骤 04 继续选择网格点并填充颜色（R：255、G：207、B：223），如图5-58所示。

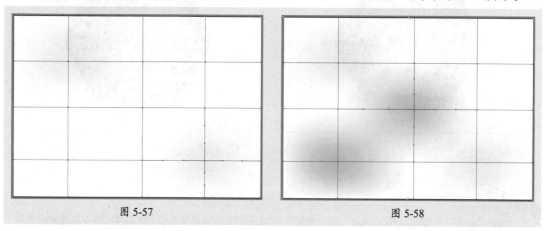

图 5-57　　　　　　　　　　　　　　　　图 5-58

步骤 05 选择右上角的网格点并填充颜色（R：224、G：229、B：181），如图5-59所示。

步骤 06 拖动网格点调整显示状态，如图5-60所示。

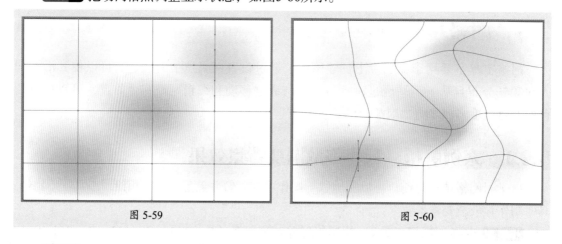

图 5-59　　　　　　　　　　　　　　　　图 5-60

步骤 07 更改左下角网格点颜色（R：224、G：229、B：181），如图5-61所示。效果如图5-62所示。

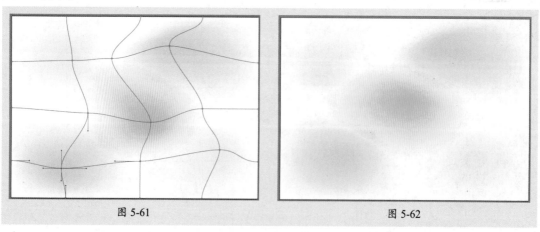

图 5-61　　　　　　　　　　　　　　　　图 5-62

5.3.2 创建网格对象

网格对象是一种多色对象，其上的颜色可以沿不同方向顺畅分布且从一点平滑过渡到另一点。选中图形对象，选择"网格工具"，当光标变为 形状时，在图形中单击即可增加网格点，如图5-63所示。

网格结构相关知识介绍如下。

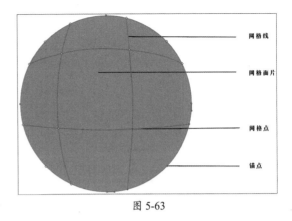

图 5-63

- **网格线**：将图形变为网格对象，在图形中增加了由横竖两条线（网格线）交叉形成的网格。继续在图形中单击，可以增加新的网格。
- **网格面片**：即任意4个网格点之间的区域。可以通过更改网格点颜色的方法来更改网格面片的颜色。
- **网格点**：在两网格线相交处有一种特殊的锚点——网格点。它以菱形显示，不但具有锚点的所有属性，而且增加了接受颜色的功能。可以添加或删除网格点，编辑网格点，或更改与每个网格点相关联的颜色。
- **锚点**：网格中也同样会出现锚点（区别在于其形状为正方形，而非菱形），这些锚点与Illustrator中的其他锚点一样，可以添加、删除、编辑和移动。锚点可以放在任何网格线上，单击一个锚点，然后拖动其方向控制手柄，即可修改该锚点。

操作提示

可以基于矢量对象（复合路径和文本对象除外）来创建网格对象，但无法通过链接图像来创建网格对象。

5.3.3 更改网格点颜色和透明度

添加网格点后，网格点处于选中状态，可以通过"颜色"面板、"色板"面板或拾色器填充颜色，如图5-64所示，效果如图5-65所示。

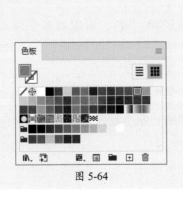

图 5-64

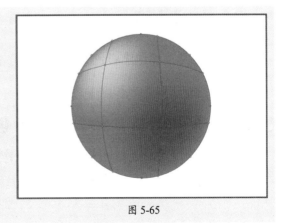

图 5-65

除了设置颜色外，还可以在"透明度"面板或控制栏中调整不透明度，如图5-66所示，效果如图5-67所示。

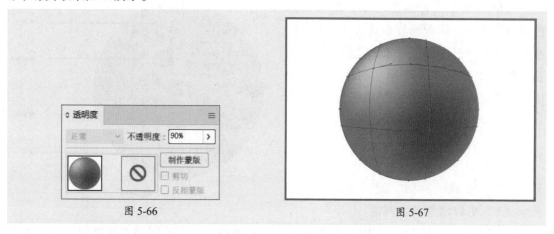

图 5-66   图 5-67

5.3.4　更改网格点显示状态

若要调整图形中某部分颜色的位置，可以调整网格点的位置。

选择"网格工具"，选中网格点，将其拖动到目标位置释放即可，如图5-68所示，效果如图5-69所示。

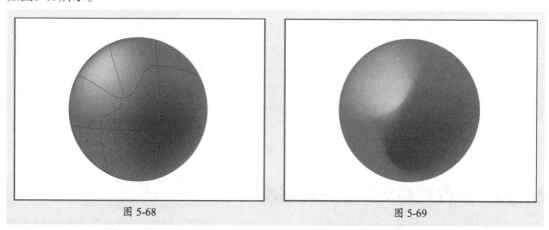

图 5-68   图 5-69

5.4　实时上色

实时上色是一种创建彩色图画的直观方法。通过实时上色，可以对多个交叉对象进行上色。

5.4.1　案例解析：给救生圈上色

在学习实时上色之前，可以跟随以下操作步骤了解并熟悉如何使用"实时上色工具"给救生圈上色。

步骤 01 打开素材文件"救生圈.ai",如图5-70所示。

步骤 02 选中所有路径,选择工具栏中的"实时上色工具" 🖌️ ,在图形上单击,创建实时上色组,如图5-71所示。将光标移动至图形上各区域时,相应区域将高亮显示。

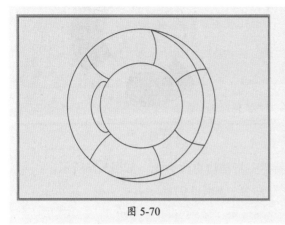

图 5-70

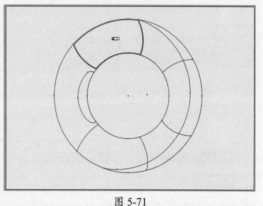

图 5-71

步骤 03 设置前景色为红色(R:231、G:31、B:25),在合适区域单击进行填色,如图5-72所示。

步骤 04 设置前景色为深一点的红色(R:204、G:27、B:40),在红色阴影区域单击进行填色,如图5-73所示。

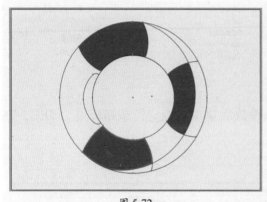

图 5-72

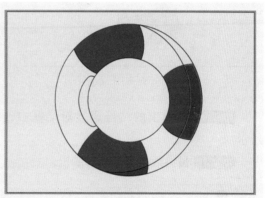

图 5-73

步骤 05 设置前景色为白色,在合适区域单击进行填色,如图5-74所示。

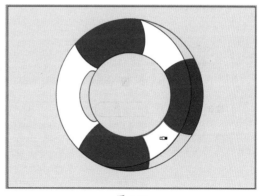

图 5-74

步骤 06 设置前景色为浅灰色（R：214、G：214、B：214），在白色阴影区域单击进行填色，如图5-75所示。

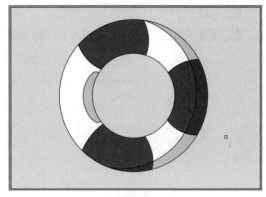

图 5-75

步骤 07 按Ctrl+A组合键全选图形，在控制栏中将描边更改为无，如图5-76所示。

步骤 08 执行"效果"|"风格化"|"投影"命令，如图5-77所示。

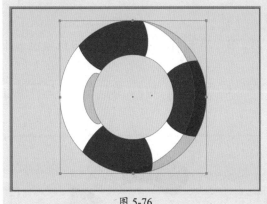

图 5-76

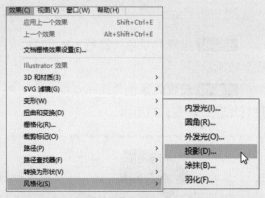

图 5-77

步骤 09 在弹出的"投影"对话框中设置参数后单击"确定"按钮即可，如图5-78所示。

步骤 10 最终效果如图5-79所示。

图 5-78

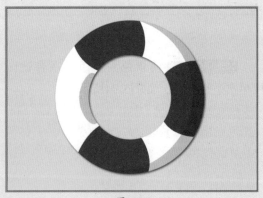

图 5-79

5.4.2　创建实时上色组

　　若要对对象进行着色，并且在每个边缘或交叉线使用不同的颜色，可以创建实时上色组。选中要进行实时上色的对象（可以是路径，也可以是复合路径），按Ctrl+Alt+X组合键或单击"实时上色工具"按钮 ，可以建立实时上色组，如图5-80所示。一旦建立了实时上色组，每条路径都是可编辑的。可在控制栏或工具栏中设置前景色后，单击进行填充，如图5-81所示。

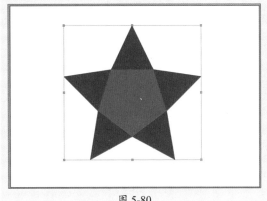

图 5-80

图 5-81

操作提示

　　对于不能直接转换为实时上色组的对象，可执行以下命令后，将生成的路径转换为实时上色组：

- **文字对象**：执行"文字"|"创建轮廓"命令。
- **位图图像**：执行"对象"|"图像描摹"|"建立并扩展"命令。
- **其他对象**：执行"对象"|"扩展"命令。

5.4.3　选择表面和边缘

　　实时上色组中可以上色的部分有边缘和表面。边缘是一条路径与其他路径交叉后，处于交点之间的路径部分。表面是由一条边缘或多条边缘所围成的区域。若要对实时上色组中的表面和边缘进行更改，可以选择"实时上色选择工具" ，然后执行以下操作。

- 选择单个表面和边缘：单击该表面和边缘。
- 选择多个表面和边缘：在对象周围拖动选框，部分内容将被选中；或者按住Shift键加选。
- 选择没有被上色边缘分隔开的所有连续表面：双击某个表面。
- 选择具有相同填充或描边的表面或边缘：双击某个对象，或单击一次后执行"选择"|"相同"命令下的子命令（填充颜色/描边颜色/描边粗细等）即可。

　　图5-82所示为选择多个表面和边缘的效果，在控制栏中可以更改填充参数，效果如图5-83所示。

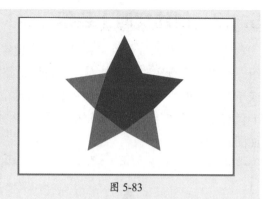

图 5-82

图 5-83

双击"实时上色工具"，在弹出的对话框中可以设置填充上色、描边上色、光标色板预览以及突出显示的颜色和宽度，如图5-84所示；双击"实时上色选择工具"，在弹出的对话框中可以设置选择填充、选择描边以及突出显示的颜色和宽度，如图5-85所示。

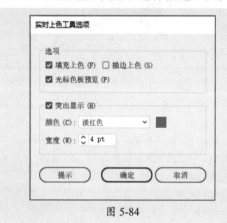

图 5-84

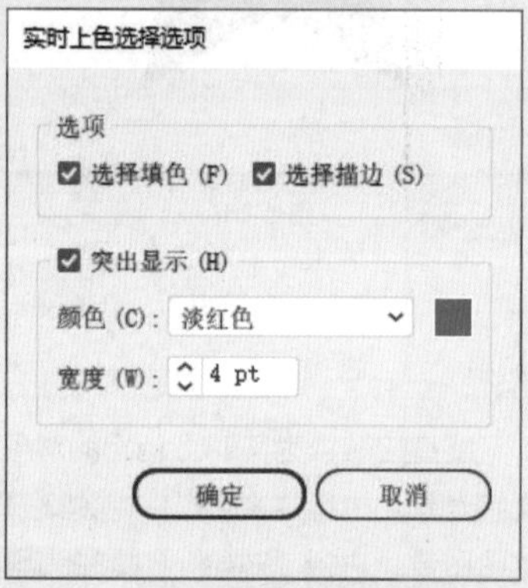

图 5-85

操作提示

选择实时上色组中的个别表面和边缘，将"实时上色选择工具"指针放在表面上时，指针将变为表面指针；将指针放在边缘上时，指针将变为边缘指针。

5.4.4 释放或扩展实时上色组

选中实时上色组，执行"对象"|"实时上色"|"释放"命令，可将实时上色组变为具有0.5pt宽描边的黑色普通路径，如图5-86所示。

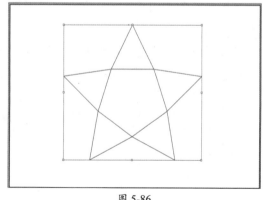

图 5-86

执行"对象"|"实时上色"|"释放"命令，可将实时上色组拆分为单独的色块和描边路径，视觉效果与实时上色组一致。使用"编组选择工具"可分别选择或更改对象，如图5-87所示。

图 5-87

课堂实战 制作服装吊牌图案

本章课堂实战练习制作服装吊牌图案，可综合练习本章的知识点，以便熟练掌握和巩固颜色填充与描边的相关知识。下面将介绍具体的操作思路。

步骤 01 选择"矩形工具"和"椭圆工具"，绘制吊牌主体，在"路径查找器"面板中单击"联集"按钮合并形状。绘制正圆，单击"差集"按钮排除重叠的部分，如图5-88所示。

步骤 02 填充线性渐变，角度设置为-90°，如图5-89所示。

步骤 03 复制主体，将其更改为虚线描边，填充设置为无，如图5-90所示。

图 5-88

图 5-89

图 5-90

步骤 04 使用"钢笔工具"绘制Logo和吊绳部分，使用"文字工具"输入文字，如图5-91所示。

步骤 05 复制吊牌并删除部分内容，使用"矩形工具""文字工具"制作吊牌背面内容，置入条形码后放至合适位置，如图5-92所示。

步骤 06 为图像分别创建编组，添加投影效果，如图5-93所示。

图 5-91

图 5-92

图 5-93

课后练习 绘制城市夜景插画

下面将综合使用填充和渐变工具绘制城市夜景插画，效果如图5-94所示。

图 5-94

1. 技术要点

①使用"矩形工具"和"渐变工具"绘制背景。

②置入素材并更改填充颜色为渐变。

③使用"椭圆工具""矩形工具""画笔工具"绘制月亮、星星以及流星效果。

2. 分步演示

演示步骤如图5-95所示。

图 5-95

中国传统正五色

中华历史源远流长，早在战国时代，就有了正五色的概念。中国传统五色观认为"青、赤、黄、白、黑"五色为正色。《尚书·禹贡》中最早提到"五色"一词，曰："徐州，厥贡惟土，五色"。具体的五色描述则最早出现在《周礼·考工记》中："杂五色，东方谓之青，南方谓之赤，西方谓之白，北方谓之黑，天谓之玄，地谓之黄"。其中，青为首，赤为荣，黄为主，白为本，黑为终，每种颜色都各蕴其意，如图5-96所示。

图 5-96

青：青色是我国特有的一种颜色，在古文化中有坚强、希望、古朴和庄重等含义，既能象征万物复苏的春季，也是传统器具和服饰的常用色。青色系范畴甚广，有介于蓝和紫之间的群青、青莲，有介于蓝和绿之间的天青色，有深蓝色之称的靛青，有黑色的青鬓、青丝，有绿色的青葱、石青，等等。

赤：赤为会意字，本意为红色。红色是中国重要的代表色，有"中国红"之说，象征着喜庆、吉祥、成功、美丽，等等。在古代，许多宫殿和庙宇的墙壁，以及官吏服饰多以大红为主，俗称"朱门""朱衣"。妇女的盛妆也被称为"红妆"，并以"红妆"代指美女；把妇女美丽的容貌称为"红颜"，也指代美女。

黄：在我国传统文化中，黄色是高贵的象征。"天地玄黄"中的黄象征着大地，大地又有母亲之称。从唐朝开始，黄色正式变为皇帝专用，象征着君权神授，神圣不可侵犯。除此之外，黄色还代表温暖、辉煌、丰收、希望以及财富。

白：白色象征着高洁、明亮、纯洁，是无色之色，同时也寓意着超脱凡尘与世俗的情感，例如白头偕老。白色系多以抽象或具象的景物命名，例如雪白、月白、鱼肚白、象牙白，等等。

黑：黑色寓意沉静、神秘、肃穆，代表着一切的归宿。在古代，戏剧中的黑色是正直的代名词，例如黑脸的包公，铁面无私；在服饰中黑色是高贵的意思，例如缁衣是用黑色帛做的官服；在建筑中，黑色体现了庄重，例如建筑油饰一般规定为黑色，营造肃穆氛围；在书法绘画中，黑色则体现了意境，黑白水墨描绘彩色世界，悠远隽永。

第6章

对象的调整与变换

内容导读

本章将对对象的调整与变换的相关知识进行讲解，内容包括使用对象选择工具与命令选择目标对象；执行显示/隐藏、对齐与分布等命令调整对象显示；使用变形工具、变换工具及执行变换命令调整对象形态；使用混合工具、封套扭曲、图像描摹等命令对对象进行高级编辑。

思维导图

显示/隐藏——显示或隐藏对象

锁定/解锁——锁定或解锁对象

对齐与分布——规律排列对象

排列——更改对象堆叠顺序

混合工具——创建颜色、形状过渡

封套扭曲——改变对象显示方式

剪贴蒙版——遮盖部分对象

图像描摹——将位图转换为矢量图形

对象的显示调整

对象的高级编辑

对象的调整与变换

对象的选择

对象的变形与变换

对象选择工具——精确选择对象

"选择"菜单——指定选择对象

对象变形工具——调整对象外形

对象变换工具——调整对象状态

对象变换命令——精准变换对象

"变换"面板——集合调整对象

6.1 对象的选择

在对对象进行编辑操作前，需要先选中对象。在Illustrator中，可以通过多种工具以及命令选择对象。

6.1.1 对象选择工具——精确选择对象

在Illustrator中，提供了5种选择工具，包括"选择工具""直接选择工具""编组选择工具""套索工具"以及"魔棒工具"。

1. 选择工具

使用"选择工具"可以选中整个对象。

使用"选择工具" ▶ 可以单击选择一个对象，也可以在一个或多个对象的周围拖放鼠标形成一个选框，圈住所有对象或部分对象，如图6-1、图6-2所示。按住Shift键在未选中对象上单击可以加选对象，再次单击将取消选中。

图 6-1

图 6-2

2. 直接选择工具

使用"直接选择工具"可以直接选中路径上的锚点或路径段。

使用"直接选择工具" ▷ 在要选中的对象锚点或路径段上单击，即可将其选中。被选中的锚点呈实心形状，拖动锚点或方向线可以调整显示状态。若在对象周围拖动画出一个虚线框，如图6-3所示，虚线框中的对象内容即被全部选中，此时虚线框内的对象内容被框选，锚点变为实心，虚线框外的锚点变为空心状态，如图6-4所示。

图 6-3

图 6-4

3. 编组选择工具

使用"编组选择工具"可以选中编组中的对象。选择"编组选择工具"![icon]，单击即可选中组中对象，再次单击将选中对象所在的分组。

操作提示

选中目标对象，执行"对象"|"编组"命令或按Ctrl+G组合键，可以将多个对象绑定为一个整体来操作编辑，便于管理与选择。按Ctrl+Shift+G组合键取消编组，可以把一个群组对象拆分成其组件对象。

4. 套索工具

使用"套索工具"可以通过套索创建选择的区域，区域内的对象将被选中。选择"套索工具"![icon]，在图像编辑窗口中按住鼠标左键拖动创建选区即可。

5. 魔棒工具

使用"魔棒工具"可以选择具有相似属性的对象，如填充、描边等。

双击"魔棒工具"![icon]，在弹出的"魔棒"面板中可以设置要选择的属性，如图6-5所示。设置效果如图6-6所示。

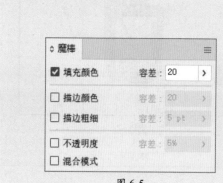

图 6-5

图 6-6

操作提示

除了上述工具外，用户还可以通过"图层"面板选择对象。在"图层"面板中单击"单击可定位（拖移可移动外观）"按钮○，即可选择并定位对象。

6.1.2 "选择"菜单——指定选择对象

在"选择"菜单中，可以进行全选、取消选择、选择所有未选中的对象、选择具有相同属性的对象以及存储所选对象等操作，如图6-7所示。

- **全部**：选择文档中所有未锁定对象。
- **取消选择**：取消选择所有对象，单击空白处也可以取消选择。
- **重新选择**：恢复选择上次所选对象。

- **反向：** 当前被选中后的对象将被取消选中，未被选中对象会被选中。
- **相同：** 在子菜单中选择具有所需属性的对象。
- ***存储所选对象：*** 选择一个或多个对象进行存储。

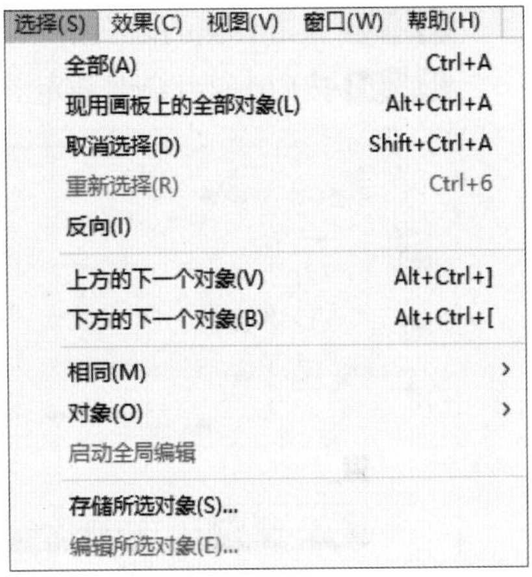

图 6-7

6.2　对象的显示调整

在Illustrator中，可以使用"图层"面板和对象的显示调整命令使对象显示/隐藏、锁定/解锁、规律排列对象以及更改对象的堆叠顺序。

6.2.1　案例解析：制作画册内页

在学习对象的显示调整之前，可以跟随以下操作步骤了解并熟悉如何使用锁定、对齐与分布功能制作画册内页。

步骤01 新建一个横版A3大小的空白文档，使用"矩形工具"绘制一个210mm×297mm的矩形，设置其描边为无，在控制栏中单击"左对齐"按钮▐和"垂直居中对齐"按钮▮，效果如图6-8所示。

步骤02 执行"窗口"|"渐变"命令，打开"渐变"面板，单击"渐变"按钮▣，添加渐变效果，如图6-9所示。

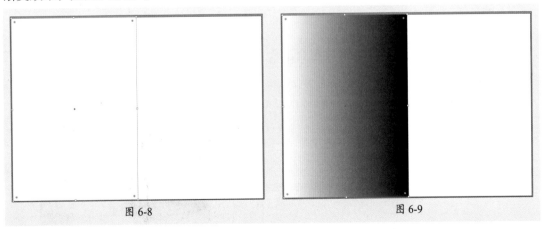

图 6-8　　　　　　　　　　　图 6-9

步骤 03 双击右侧的渐变滑块，设置K值为20%，如图6-10所示。

步骤 04 按Ctrl+2组合键锁定图层，如图6-11所示。

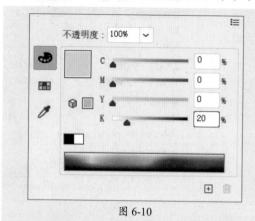

图 6-10

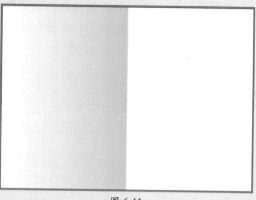

图 6-11

步骤 05 执行"文件"|"置入"命令，打开"置入"对话框，选中要置入的素材文件，取消选择"链接"复选框，如图6-12所示。

步骤 06 单击"置入"按钮，然后在画板上多次置入文件，如图6-13所示。

图 6-12

图 6-13

步骤 07 选中置入的素材，缩放至合适大小，如图6-14所示。

图 6-14

步骤 **08** 选中右侧的3个方形素材，在控制栏中分别单击"水平居中对齐"按钮 ⫶ 和"垂直居中对齐"按钮 ⫶，调整素材的对齐方式并使其均匀分布，如图6-15所示。

图 6-15

步骤 **09** 按住Shift键选择左上角和右上角的素材，再次单击右上角素材，在控制栏中单击"顶对齐"按钮 ⫶，效果如图6-16所示。

步骤 **10** 按住Shift键选择带有文字的素材、长素材以及右下角素材，再次单击右下角素材，在控制栏中单击"底对齐"按钮 ⫶，效果如图6-17所示。

图 6-16

图 6-17

步骤 **11** 使用相同的方法调整左下方两个素材图像，以大图素材为参考，分别左、右对齐，如图6-18所示。

步骤 **12** 按Ctrl+A组合键全选图形，按Ctrl+G组合键创建编组，在控制栏中单击"水平居中对齐"按钮 ⫶ 和"垂直居中对齐"按钮 ⫶，效果如图6-19所示。

图 6-18

图 6-19

步骤 **13** 执行"窗口"|"透明度"命令，打开"透明度"面板，设置混合模式为"正片叠底"，如图6-20所示，效果如图6-21所示。

图 6-20　　　　　　　　　　　　　　　　　　图 6-21

6.2.2　显示/隐藏——显示或隐藏对象

隐藏对象后，该对象不可见，不可选中，也不能被打印出来。

选择要隐藏的对象，执行"对象"|"隐藏"|"所选对象"命令或按Ctrl+3组合键，即可隐藏所选对象，如图6-22所示。执行"对象"|"显示全部"命令或按Ctrl+Alt+3组合键，可显示所有隐藏的对象，如图6-23所示。

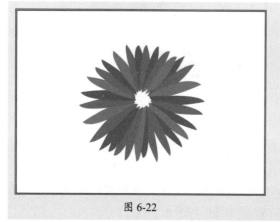

图 6-22

图 6-23

除了上述操作，也可以在"图层"面板中单击"切换可视性"按钮 👁 隐藏图层，如图6-24所示。再次单击该按钮则显示图层，如图6-25所示。

图 6-24

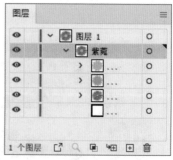

图 6-25

6.2.3 锁定/解锁——锁定或解锁对象

锁定对象后，该对象就不会被选中或编辑。

选中要锁定的对象，执行"对象"|"锁定"|"所选对象"命令或按Ctrl+2组合键，即可锁定选择对象。此时"图层"面板中该对象对应的图层中出现🔒图标，如图6-26所示。移动其他对象时，被锁定的部分不会被移动，如图6-27所示。

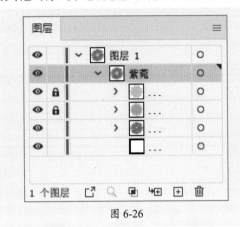

图 6-26

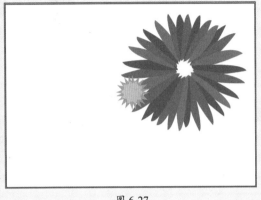

图 6-27

若想解锁该对象，可单击"图层"面板中的"切换锁定"按钮🔒。若想解锁文档中的所有锁定对象，可以执行"对象"|"全部解锁"命令或按Ctrl+Alt+2组合键。

6.2.4 对齐与分布——规律排列对象

对齐与分布功能可以使对象间的排列遵循一定的规则，从而使画面更加整洁有序。

选择多个对象后，在控制栏中单击"对齐"按钮 对齐，或者执行"窗口"|"对齐"命令，打开"对齐"面板，如图6-28所示。通过该面板中的按钮即可设置对象的对齐与分布方式。

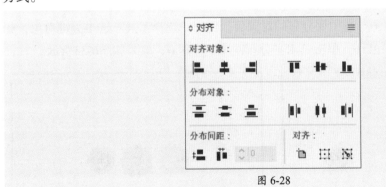

图 6-28

①对齐对象

使用对齐命令可以将多个图形对象整齐排列。"对齐对象"选项组中包括6个对齐命令按钮："水平左对齐" ▐、"水平居中对齐" ▮、"水平右对齐" ▌、"垂直顶对齐" ▜、"垂直居中对齐" ▮、"垂直底对齐" ▙。选中两个或两个以上对象，如图6-29所示，单击"垂直居中对齐"按钮 ▮，效果如图6-30所示。

图 6-29

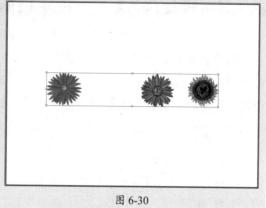

图 6-30

2. 分布对象

使用分布对象命令可以对多个图形之间的距离进行调整。"分布对象"选项组中包含6个分布命令按钮："垂直顶分布" ▤ 、"垂直居中分布" ▤ 、"垂直底分布" ▤ 、"水平左分布" ▥ 、"水平居中分布" ▥ 、"水平右分布" ▥ 。

选中3个或3个以上对象，单击"水平居中分布"按钮 ▥ ，效果如图6-31所示。

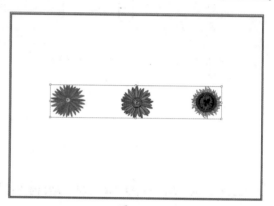

图 6-31

3. 分布间距

使用"分布间距"命令可以通过对象路径之间的精确距离分布对象。"分布间距"选项组中包含两个命令按钮和一个用于指定间距值的文本框，两个按钮分别为"垂直分布间距" ▤ 和"水平分布间距" ▥ 。选中要分布的对象后，使用"选择工具"选中关键对象，如图6-32所示。输入指定间距值16，单击"水平分布间距"按钮 ▥ ，效果如图6-33所示。

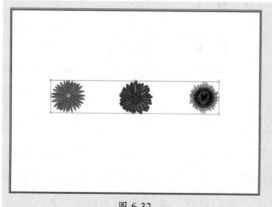

图 6-32

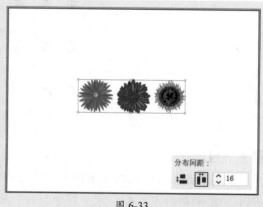

图 6-33

4. 对齐

在"对齐"选项组中可以选择对齐的基准，默认为"对齐关键对象" ，还可以选择"对齐画板" 、"对齐所选对象" 。

6.2.5　排列——更改对象堆叠顺序

绘制复杂的图形对象时，对象的不同排列方式会产生不同的外观效果。执行"对象"|"排列"命令，在其子菜单中包括多个排列调整命令；在选中图形的时候，右击鼠标，在弹出的快捷菜单中也可选择合适的排列选项。

- **置于顶层：** 若要把对象移到所有对象前面，可执行"对象"|"排列"|"置于顶层"命令，或按Ctrl+Shift+]组合键。
- **置于底层：** 若要把对象移到所有对象后面，可执行"对象"|"排列"|"置于底层"命令，或按Ctrl+Shift+[组合键。
- **前移一层：** 若要把对象向前面移动一个位置，可执行"对象"|"排列"|"前移一层"命令，或按Ctrl+]组合键。
- **后移一层：** 若要把对象向后面移动一个位置，可执行"对象"|"排列"|"后移一层"命令，或按Ctrl+[组合键。

6.3　对象的变形与变换

在Illustrator中，可以使用对象变形工具调整对象外形，使用对象变换工具调整对象状态。使用变换命令能实现精准变换，使用"变换"面板能实现多样变换。

6.3.1　案例解析：制作立体空间网格效果

在学习对象的变形与变换之前，可以跟随以下操作步骤了解并熟悉如何使用"矩形网格工具""自由变换工具"以及"旋转"命令制作立体空间网格效果。

步骤 01 使用"矩形工具"绘制一个和文档等大的矩形，设置描边为无，填充为黑色，按Ctrl+2组合键锁定图层，如图6-34所示。

图 6-34

115

步骤 02 双击"矩形网格工具"，在弹出的"矩形网格工具选项"对话框中设置参数，如图6-35所示。

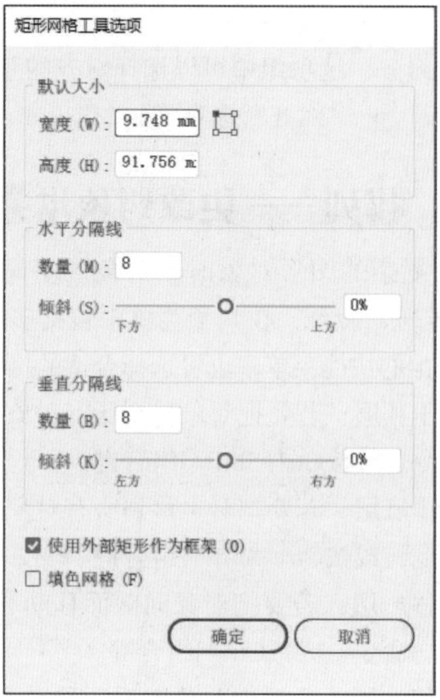

矩形网格工具选项

默认大小
宽度 (W)：9.748 mm
高度 (H)：91.756 m

水平分隔线
数量 (M)：8
倾斜 (S)：———●———— 0%
　　　　　下方　　　　　上方

垂直分隔线
数量 (B)：8
倾斜 (K)：———●———— 0%
　　　　　左方　　　　　右方

☑ 使用外部矩形作为框架 (O)
☐ 填色网格 (F)

确定　　取消

图 6-35

步骤 03 拖动鼠标绘制网格，如图6-36所示。

步骤 04 在控制栏中设置描边颜色为白色，描边粗细为1pt，效果如图6-37所示。

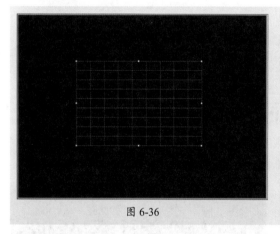

图 6-36

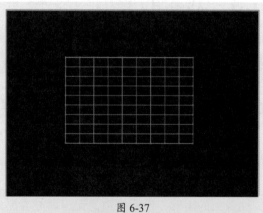

图 6-37

步骤 05 选择"直线段工具"，按住Shift键绘制一条成45°斜角的直线段，如图6-38所示。

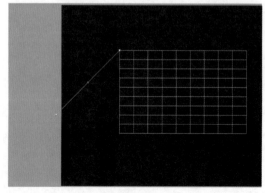

图 6-38

步骤 06 单击矩形网格后选择"自由变换工具",单击"透视扭曲"按钮，沿45°斜角直线调整网格，如图6-39所示。

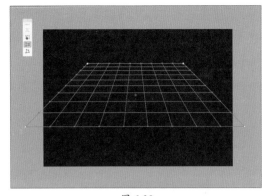

图 6-39

步骤 07 右击鼠标，在弹出的快捷菜单中选择"变换"|"旋转"命令，在弹出的"旋转"对话框中设置旋转角度，如图6-40所示。

步骤 08 单击"复制"按钮，效果如图6-41所示。

图 6-40

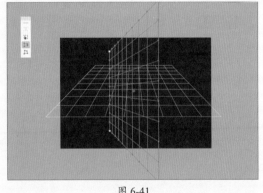

图 6-41

步骤 09 调整位置，如图6-42所示。

步骤 10 选择两个矩形网格，使用相同的方法旋转180°后进行复制，如图6-43所示。

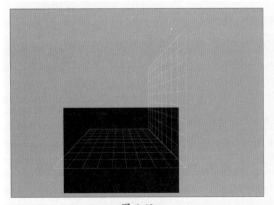

图 6-42

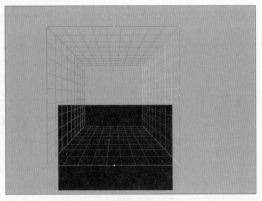

图 6-43

117

步骤 11 选择"矩形网格工具"绘制矩形网格，如图6-44所示。

步骤 12 按Ctrl+A组合键全选网格，使用"选择工具"调整网格的整体宽度和高度，如图6-45所示。

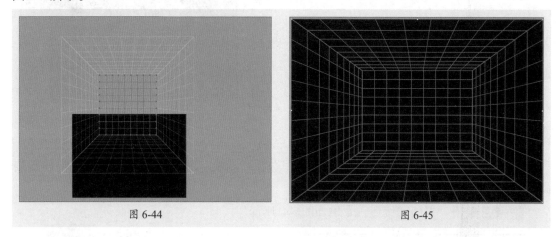

图 6-44　　　　　　　　　　　　　　　　　图 6-45

步骤 13 在"属性"面板中设置外观参数，如图6-46所示。其效果如图6-47所示。

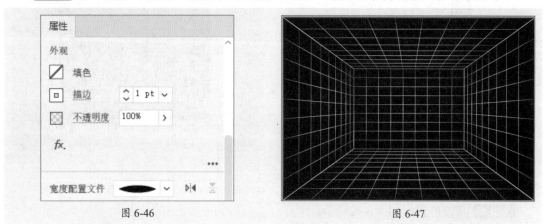

图 6-46　　　　　　　　　　　　　　　　　图 6-47

6.3.2　对象变形工具——调整对象外形

对象变形工具可以改变路径的显示方式，使其呈现独特的视觉效果。下面将详细介绍这些工具的使用方法。

1. 宽度工具

使用"宽度工具"可以调整路径描边的宽度，使其展现不同的宽度效果。

选择"宽度工具" 🖌，将光标移动至要改变宽度的路径上，待光标变为 ▶. 状时按住鼠标左键拖曳，如图6-48所示；释放鼠标，即可完成调整路径描边的宽度，如图6-49所示。

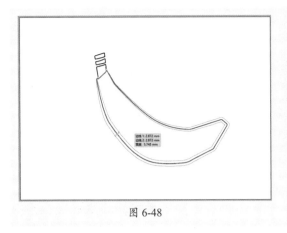

图 6-48

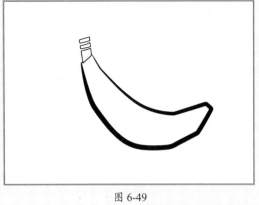

图 6-49

2. 变形工具

使用"变形工具"可以制作出图形变形的效果。

双击"变形工具" █，在弹出的对话框中对"变形工具"画笔的尺寸、变形选项等参数进行设置，然后在要变形的对象上按住鼠标左键并拖曳，即可使对象产生变形的效果，如图6-50、图6-51所示。

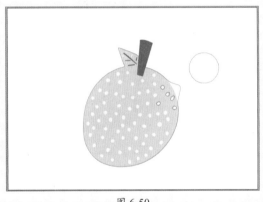

图 6-50

图 6-51

操作提示

按住Alt键的同时在图像编辑窗口中拖曳鼠标，可以调整"变形工具"画笔大小；按住Alt+Shift组合键的同时拖曳鼠标，可等比例调整"变形工具"画笔大小。

3. 旋转扭曲工具

使用"旋转扭曲工具"可以使对象产生旋转扭曲的变形效果。

选择"旋转扭曲工具" █，在要变形的对象上按住鼠标左键，即可产生旋转扭曲效果，停留的时间越长，扭曲的程度越大，如图6-52所示；也可以按住鼠标左键拖曳，光标划过的地方均会产生旋转扭曲的效果，如图6-53所示。

图 6-52 图 6-53

④. 缩拢工具

使用"缩拢工具"可以使对象向内收缩，产生变形的效果。

选择"缩拢工具" ，在要变形的对象上按住鼠标左键，即可产生缩拢变形的效果，如图6-54、图6-55所示；也可以按住鼠标左键拖曳，光标划过的地方均会产生缩拢变形的效果。

图 6-54 图 6-55

⑤. 膨胀工具

"膨胀工具"与"缩拢工具"作用相反，使用该工具可以使对象向外膨胀，产生变形的效果。

选择"膨胀工具" ✛，在要变形的对象上按住鼠标左键即可产生膨胀变形的效果，如图6-56、图6-57所示；也可按住鼠标左键拖曳，光标划过的地方均会产生膨胀变形的效果。

图 6-56 图 6-57

6. 扇贝工具

使用"扇贝工具"可以使对象向某一点集中，产生锯齿变形的效果。

选择"扇贝工具" ![]，在要变形的对象上按住鼠标左键，即可产生扇贝变形的效果，如图6-58、图6-59所示；也可以按住鼠标左键拖曳，光标划过的地方均会产生扇贝变形的效果。

图 6-58　　　　　　　　　　　　　　　图 6-59

7. 晶格化工具

"晶格化工具"和"扇贝工具"类似，都可以制作出锯齿变形的效果，但使用"晶格化工具"可以使对象从某一点向外膨胀产生锯齿变形。

选择"晶格化工具" ![]，在要变形的对象上按住鼠标左键，即可产生晶格化变形的效果，如图6-60、图6-61所示；也可以按住鼠标左键拖曳，光标划过的地方均会产生晶格化变形的效果。

图 6-60　　　　　　　　　　　　　　　图 6-61

8. 褶皱工具

使用"褶皱工具"可以使对象边缘产生波动，制作出褶皱的效果。

选择"褶皱工具" ![]，在要变形的对象上按住鼠标左键，即可产生褶皱变形的效果，如图6-62、图6-63所示；也可以按住鼠标左键拖曳，光标划过的地方均会产生褶皱变形的效果。

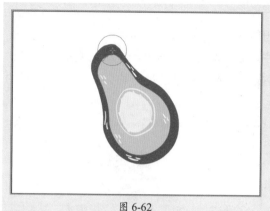

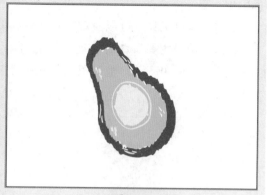

图 6-62

图 6-63

9. 操控变形工具

使用"操控变形工具"可以扭转和扭曲图形对象的某些部分，使其看起来更自然。

选中目标对象后，选择"操控变形工具" ，在要变形的对象上会显示多个点，如图6-64所示，此时可以添加、移动和旋转点，将对象平滑地转换到不同的位置以及变换成不同的姿态，如图6-65所示。

图 6-64

图 6-65

6.3.3　对象变换工具——调整对象状态

在绘图的过程中，可以缩放、移动或镜像对象，以制作出特殊的展示效果。下面将对此进行介绍。

1. 选择工具

选中目标对象后，可以根据不同的需要用多种方式移动对象。选择"选择工具"，在对象上单击并按住鼠标左键不放，拖动光标至需要放置对象的位置，松开鼠标左键，即可移动对象，如图6-66、图6-67所示。

选中要移动的对象，用键盘上的方向键也可以向上、下、左、右移动对象的位置。按住Alt键，可以将对象进行移动和复制；若同时按住Alt+Shift组合键，可以确保对象在水平、垂直、45°角的倍数方向上进行移动和复制。

图 6-66   图 6-67

2. 比例缩放工具

　　选中对象后，通过定界框可调整对象大小。选择目标对象，对象的周围会出现控制手柄，用鼠标拖动各个控制手柄即可自由缩放对象，也可以拖动对角线上的控制手柄缩放对象。同时按住Shift键可以等比例缩放对象，按住Shift+Alt组合键可以从对象中心等比例缩放对象。

　　"比例缩放工具"可以围绕固定点调整对象大小。选择目标对象后，在工具栏中双击"比例缩放工具" ⧉，在弹出的对话框中设置参数，如图6-68所示，图6-69所示为等比例缩放200%的效果。

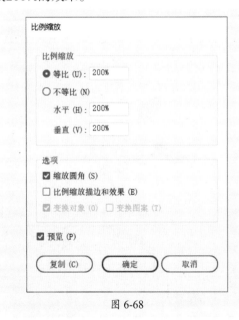

图 6-68   图 6-69

3. 倾斜工具

　　使用"倾斜工具"可以将对象沿水平或垂直方向进行倾斜。

　　选择目标对象后，在工具栏中双击"倾斜工具" ⧉，在弹出的对话框中设置参数，如图6-70所示。也可以直接使用"倾斜工具"将中心控制点放到任意处，用鼠标拖动对象即可将其倾斜，如图6-71所示。

图 6-70　　　　　　　　　　　　　　　图 6-71

4. 旋转工具

使用"旋转工具"可以对象的中心点为轴心进行旋转操作。

选择目标对象后，在工具栏中双击"旋转工具" ↻ ，在弹出的对话框中设置参数，如图6-72所示。也可以直接使用工具将中心控制点放到任意处，用鼠标拖动对象即可将其旋转，如图6-73所示。按住Shift键进行操作，可以45°角倍增旋转。

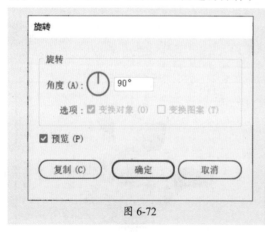

图 6-72　　　　　　　　　　　　　　　图 6-73

5. 镜像工具

使用"镜像工具"可以使对象进行垂直或水平方向的翻转。

选择目标对象后，在工具栏中双击"镜像工具" ▷◁ ，在弹出的对话框中设置参数，如图6-74所示。也可以直接使用工具将中心控制点放到任意处，用鼠标拖动对象即可将其镜像，如图6-75所示。

图 6-74

图 6-75

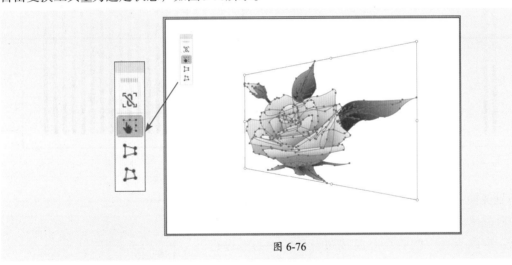

6. 自由变换工具

使用"自由变换工具"可以旋转、缩放、倾斜和扭曲对象。

选择目标对象后,选择"自由变换工具" ，会显示变换工具的控件。默认情况下,自由变换工具 为选定状态,如图6-76所示。

图 6-76

该控件中各选项的功能如下。

- **约束** ：在使用"自由变换"和"自由扭曲"功能时,选择此选项会按比例缩放对象。
- **自由变换** ：拖动定界框上的点,可变换对象。
- **自由扭曲** ：拖动对象的角手柄,可更改其大小和角度。
- **透视变换** ：拖动对象的角手柄,可在保持其角度的同时更改其大小,从而营造透视感。

6.3.4　对象变换命令——精准变换对象

在"变换"菜单中，包括对象变换工具中的旋转、镜像、缩放等命令，以及再次变换和分别变换命令，如图6-77所示。

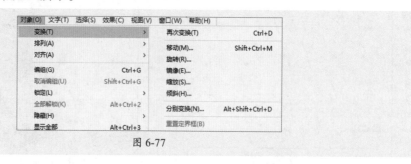

图 6-77

1. 再次变换

每次进行变换对象操作时，系统会自动记录该操作。执行"再次变换"命令，可以用相同的参数进行再次变换。以移动对象为例，选择矩形，按住Alt键移动复制，如图6-78所示。一次或多次执行"对象"|"变换"|"再次变换"命令或按Ctrl+D组合键后，效果如图6-79所示。

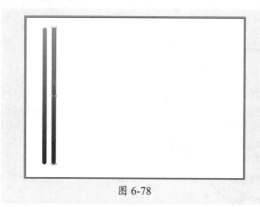

图 6-78

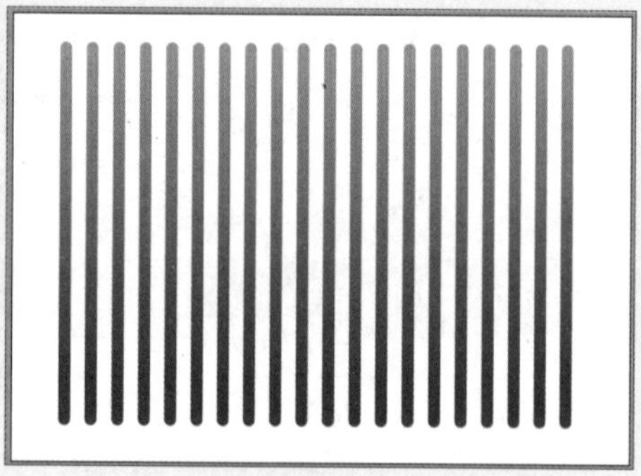

图 6-79

2. 分别变换

当选择多个对象进行变换时，执行"分别变换"命令，可以令选中的各个对象按照自己的中心点进行变换。

按Ctrl+A组合键全选多个对象，执行"对象"|"变换"|"分别变换"命令，弹出"分别变换"对话框，参数设置如图6-80所示。

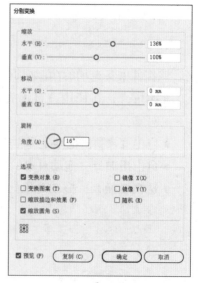

图 6-80

图6-81、图6-82所示为应用"分别变换"命令的前后效果。

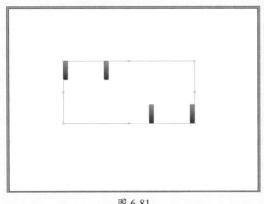

图 6-81

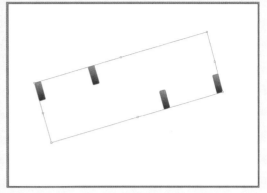

图 6-82

6.3.5 "变换"面板——集合调整对象

"变换"面板显示有关一个或多个选定对象的位置、大小和方向的信息。通过输入新值，可以修改选定对象或其图案填充。还可以更改变换参考点，以及锁定对象比例。执行"窗口"|"变换"命令，弹出的"变换"面板如图6-83所示。

图 6-83

"变换"面板中各选项的功能如下。

● 控制器：对定位点进行控制。

● X/Y：定义页面上对象的位置，从左下角开始测量。

● 宽/高：定义对象的精确尺寸。

● 约束宽度和高度比例 🔒：单击该按钮，可以锁定缩放比例。

● 旋转 △：在该文本框中输入旋转角度，负值为顺时针旋转，正值为逆时针旋转。

● 倾斜 ✏：在该文本框中输入倾斜角度，使对象沿一条水平或垂直轴倾斜。

● 缩放描边和效果：选择该复选框后，进行对象缩放操作时，可以缩放描边效果。

若选中矩形、正方形、圆角矩形、圆形、多边形，在"变换"面板中会显示相应的属性，并可以对这些属性的参数进行设置调整，如图6-84～图6-87所示。

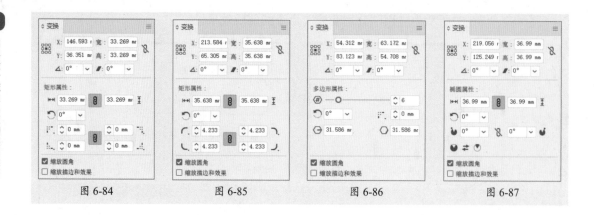

图 6-84　　　　　　　图 6-85　　　　　　　图 6-86　　　　　　　图 6-87

6.4　对象的高级编辑

在Illustrator中，可以使用混合工具在多个矢量对象间制作过渡效果，可以使用封套扭曲功能和剪贴蒙版限定对象的形状，还可以使用图像描摹功能将位图转换为矢量图形。

6.4.1　案例解析：制作九宫格效果

在学习对象的高级编辑之前，可以跟随以下操作步骤了解并熟悉如何使用"矩形工具"及"路径""建立剪贴蒙版"命令制作九宫格效果。

步骤 01 执行"文件"|"置入"命令，置入素材，如图6-88所示。

图 6-88

步骤 02 选择"矩形工具"，绘制等大的矩形，如图6-89所示。

图 6-89

步骤 03 执行"对象"|"路径"|"分割为网格"命令，在弹出的"分割为网格"对话框中设置参数，如图6-90所示。

步骤 04 使用"直接选择工具"按住Alt键调整圆角半径的弧度，如图6-91所示。

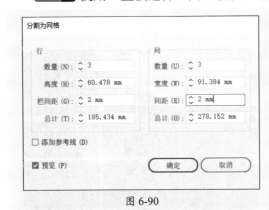

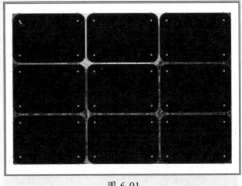

图 6-90　　　　　　　　　　　　　　　　　　　　　图 6-91

步骤 05 选择素材图层，按Ctrl+C组合键复制，按Ctrl+V组合键连续粘贴8次图形，如图6-92、图6-93所示。

图 6-92　　　　　　　　　　　　　　　　　　　　　图 6-93

步骤 06 按Shift+Ctrl+[组合键将复制的图层置于底层，在"图层"面板中单击"切换可视性"按钮 ◉ 隐藏图层，如图6-94所示。

步骤 07 拖动框选左上角素材图像和矩形，右击鼠标，在弹出的快捷菜单中选择"建立剪贴蒙版"命令，效果如图6-95所示。

图 6-94　　　　　　　　　　　　　　　　　　　　　图 6-95

步骤 08 在"图层"面板中单击"切换可视性"按钮 显示图层，选择中间最上面的矩形和素材图像，如图6-96所示。

步骤 09 右击鼠标，在弹出的快捷菜单中选择"建立剪贴蒙版"命令，效果如图6-97所示。

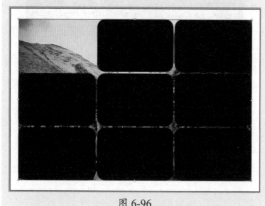

图 6-96　　　　　　　　　　　　　　　图 6-97

步骤 10 使用相同的方法，分别选择剩下的矩形和图层创建剪贴蒙版，如图6-98所示。

步骤 11 按Ctrl+A组合键全选图形，按Ctrl+G组合键编组，此时"图层"面板如图6-99所示。

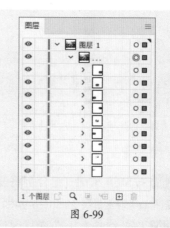

图 6-98　　　　　　　　　　　　　　　图 6-99

6.4.2　混合工具——创建颜色、形状过渡

使用"混合工具"可以创建形状混合，并在两个对象之间平均分布形状；也可以在两个开放路径之间进行混合，即在对象之间创建平滑的过渡；或组合颜色和对象，在特定对象形状中创建颜色过渡。

■ 创建混合

选择目标对象，再选择"混合工具" ，在要创建混合的对象上依次单击，即可创建混合效果，如图6-100、图6-101所示。选中要创建混合的对象后，执行"对象"|"混合"|"建立"命令或按Alt+Ctrl+B组合键，也可以实现相同的效果。

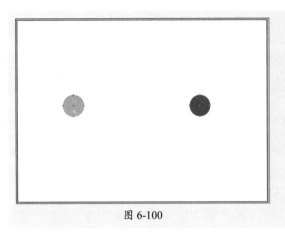

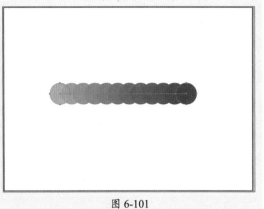

图 6-100　　　　　　　　　　　　　　图 6-101

操作提示

　　在使用"混合工具"创建混合时，单击混合对象的锚点，可以创建旋转的混合效果，如图6-102所示。

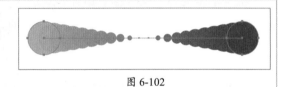

图 6-102

2. 混合选项

　　使用"混合选项"对话框中的选项，可以设置混合的步骤数或步骤间的距离。双击"混合工具" 🔩或执行"对象"|"混合"|"混合选项"命令，打开"混合选项"对话框，如图6-103所示。

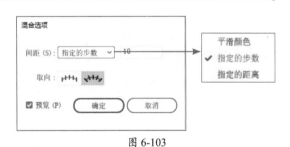

图 6-103

　　"混合选项"对话框中部分选项的功能如下。

- **间距**：用于设置要添加到混合的步骤数，包括"平滑颜色""指定的步数"和"指定的距离"三个选项。其中，"平滑颜色"选项将自动计算混合的步骤数；"指定的步数"选项可以设置在混合开始与混合结束之间的步骤数；"指定的距离"选项可以设置混合步骤之间的距离。
- **取向**：用于设置混合对象的方向，包括"对齐页面"和"对齐路径"。

3. 调整混合对象的堆叠顺序

　　混合对象具有堆叠顺序。若想改变混合对象的堆叠顺序，选中混合对象后执行"对象"|"混合"|"反向堆叠"命令即可，如图6-104、图6-105所示。

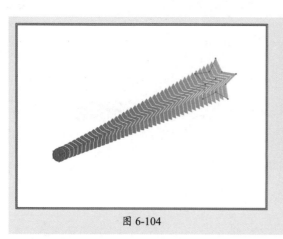

图 6-104

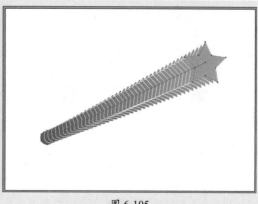

图 6-105

4. 调整混合轴方向

　　混合轴是混合对象时各步骤对齐的路径。一般来说，混合轴是一条直线。选中混合对象后，执行"对象"|"混合"|"反向混合轴"命令，即可更改混合轴方向，如图6-106所示。使用"直接选择工具"可以调整混合轴，以改变混合效果，如图6-107所示。

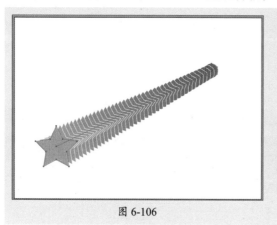

图 6-106

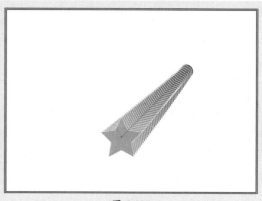

图 6-107

　　若文档中存在其他路径，选中路径和混合对象后，执行"对象"|"混合"|"替换混合轴"命令，可以用选中的路径替换混合轴。

5. 释放或扩展混合

　　使用"释放"命令和"扩展"命令都可以删除混合效果，不同之处在于："释放"命令将删除混合对象并恢复至原始对象状态，如图6-108所示；而"扩展"命令是将混合分割为一系列的整体，使用"直接选择工具"和"编组选择工具"可以分别拖动调整，如图6-109所示。

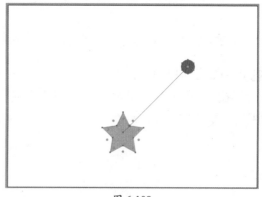

图 6-108

图 6-109

6.4.3 封套扭曲——改变对象显示方式

使用封套扭曲功能可以限定对象的形状，使其随着特定封套的变化而变化。在 Illustrator 软件中，用户可以通过三种方式建立封套扭曲：用变形建立、用网格建立以及用顶层对象建立。

1. 用变形建立

"用变形建立"命令可以通过预设创建封套扭曲。选中需要变形的对象，执行"对象"|"封套扭曲"|"用变形建立"命令或按 Alt+Shift+Ctrl+W 组合键，在弹出的"变形选项"对话框中设置变形参数，如图 6-110 所示。单击"确定"按钮，即可按照设置的参数变形图形，效果如图 6-111 所示。

图 6-110

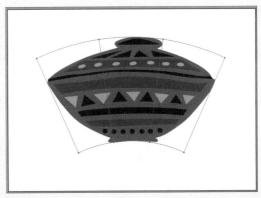

图 6-111

"变形选项"对话框中部分选项的功能如下。

- **样式**：用于选择预设的变形样式。
- **水平/垂直**：用于设置对象的扭曲方向。
- **弯曲**：用于设置弯曲程度。
- **水平扭曲**：用于设置水平方向上扭曲的程度。
- **垂直扭曲**：用于设置垂直方向上扭曲的程度。

2. 用网格建立

使用"用网格建立"命令可以通过创建矩形网格设置封套扭曲。选中需要变形的对象，执行"对象"|"封套扭曲"|"用网格建立"命令或按Alt+Ctrl+M组合键，在弹出的"封套网格"对话框中设置网格行数与列数，如图6-112所示。单击"确定"按钮，即可创建网格。此时可以通过"直接选择工具"调整网格点，从而使对象变形，如图6-113所示。

图 6-112   图 6-113

3. 用顶层对象建立

使用"用顶层对象建立"命令可以用顶层对象的形状调整下方对象的形状。需要注意的是，顶层对象必须为矢量图形。

选中顶层对象和需要进行封套扭曲的对象，如图6-114所示。执行"对象"|"封套扭曲"|"用顶层对象建立"命令或按Alt+Ctrl+C组合键，即可创建封套扭曲效果，如图6-115所示。

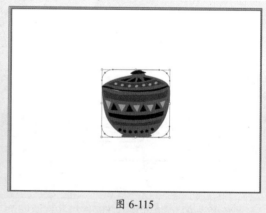

图 6-114   图 6-115

4. 释放或扩展封套

使用"释放"命令和"扩展"命令都可以删除封套扭曲效果，区别在于："释放"命令可以创建两个单独的对象，即保持原始状态的对象和保持封套形状的对象；而使用"扩展"命令将删除封套，且使对象仍保持扭曲的形状。

6.4.4 剪贴蒙版——遮盖部分对象

剪贴蒙版是一个可以用其形状遮盖其他图稿的对象，它会将多余的画面隐藏起来。创建剪贴蒙版需要两个对象：一个作为蒙版"容器"，可以是简单的矢量图形或文字；另一个为裁剪对象，可以是位图、矢量图或者是编组的对象。

置入一张位图图像，绘制一个矢量图形；将矢量图形置于位图上方，按Ctrl+A组合键全选图形，如图6-116所示；右击鼠标，在弹出的快捷菜单中选择"建立剪贴蒙版"命令创建剪贴蒙版，如图6-117所示。

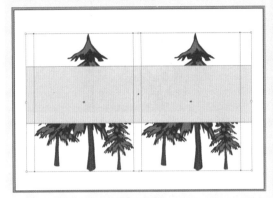

图 6-116

图 6-117

创建剪贴蒙版之后，若要对被剪贴的对象进行调整编辑，可以在"图层"面板中选中对象，使用"选择工具" ▶ 或者"直接选择工具" ▶ 进行调整。还可以右击鼠标，在弹出的快捷菜单中选择"隔离选中的剪贴蒙版"命令，隔离剪贴组，双击后可以选择原始位图进行编辑操作，如图6-118所示。双击空白处则退出隔离模式。

若要释放剪贴蒙版，右击鼠标，在弹出的快捷菜单中选择"释放剪贴蒙版"命令即可，被释放的剪贴蒙版路径的填充和描边为无，如图6-119所示。

图 6-118

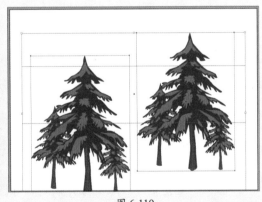

图 6-119

6.4.5　图像描摹——将位图转换为矢量图形

使用"图像描摹"功能可以将位图转换为矢量图，转换后的矢量图要"扩展"之后才可以进行路径的编辑。置入位图图像，如图6-120所示，在控制栏中单击"描摹预设"按钮，在弹出的菜单中可以选择多种描摹预设，图6-121所示为"低保真度照片"临摹效果。

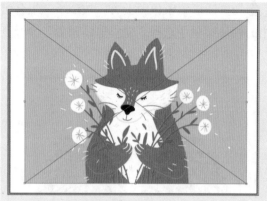

图 6-120

图 6-121

单击控制栏中的"描摹选项面板"按钮 ⊞，弹出"图像描摹"面板，如图6-122所示。

"图像描摹"面板顶部的一排图标是根据常用工作流命名的快捷图标。选择其中的一个预设，可设置实现相关描摹结果所需的全部变量。

"图像描摹"面板中主要选项的功能介绍如下。

- **自动着色** ⚙：从照片或图稿中创建色调分离的图像。

- **高色** 📷：创建具有高保真度的真实感图稿。

- **低色** ⊞：创建简化的真实感图稿。

- **灰度** ▮：将图稿描摹到灰色背景中。

- **黑白** ▯：将图像简化为黑白图稿。

- **轮廓** ↳：将图像简化为黑色轮廓。

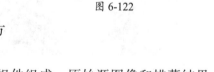

图 6-122

- **预设**：在下拉列表中可设置更多的预设描摹方式，如图6-123所示。

- **视图**：指定描摹对象的视图。描摹对象由两个组件组成：原始源图像和描摹结果（矢量图稿），如图6-124所示。

- **模式**：指定描摹结果的颜色模式，如图6-125所示。

- **调板**：指定用于从原始图像生成彩色或灰度描摹的调板。如图6-126所示，该选项仅在"模式"设置为"彩色"或"灰度"时可用。

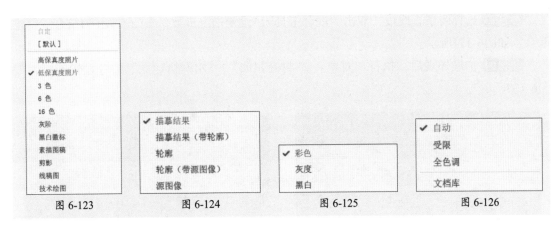

图 6-123　　　　　　图 6-124　　　　　　图 6-125　　　　　　图 6-126

若要对描摹后的图形进行调整，可以在描摹后单击"扩展"按钮，将描摹对象转换为路径，如图6-127所示。取消分组后，删除多余路径，最终效果如图6-128所示。

图 6-127

图 6-128

课堂实战 制作流动线条山脉

本章课堂实战练习制作流动线条山脉，可综合练习本章的知识点，以熟练掌握和巩固对象选择工具、混合工具、封套扭曲以及剪贴蒙版的使用。下面将进行操作思路的介绍。

步骤01 使用"矩形工具"绘制矩形作为背景并锁定，如图6-129所示。

步骤02 选择"直线段工具"绘制水平直线，按住Alt键进行移动复制，如图6-130所示。

图 6-129

图 6-130

步骤 03 选择两条直线段，双击"混合工具"，设置指定步数，按Ctrl+Alt+B组合键创建混合，如图6-131所示。

步骤 04 扩展外观后，执行"对象"|"封套扭曲"|"用网格建立"命令设置网格，如图6-132所示。

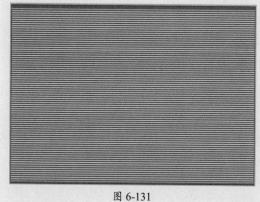

图 6-131

图 6-132

步骤 05 使用"网格工具"调整网格点的位置，如图6-133所示。

步骤 06 使用"选择工具"向下调整网格高度，如图6-134所示。

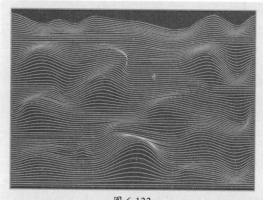

图 6-133

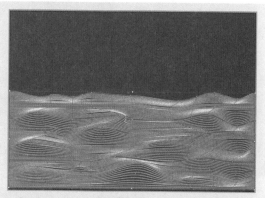

图 6-134

步骤 07 使用"网格工具"继续调整网格点的位置，如图6-135所示。

步骤 08 创建剪贴蒙版，如图6-136所示。

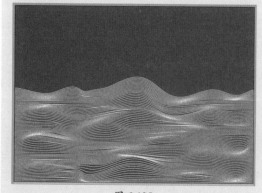

图 6-135

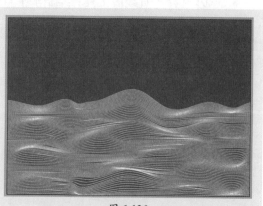

图 6-136

课后练习 ▎制作立体混合渐变效果

下面将综合使用绘图、渐变以及混合工具制作立体混合渐变效果，如图6-137所示。

图 6-137

1. 技术要点

①使用"钢笔工具"绘制路径，使用"椭圆工具"绘制正圆并填充渐变。

②使用"混合工具"创建混合轴。

③为路径替换混合轴，应用粗糙化效果。

2. 分步演示

演示步骤如图6-138所示。

图 6-138

学 习 心 得

镜像对称美学：折叠剪纸

　　剪纸是一种用剪刀或刻刀在纸上剪刻花纹，用于装点生活或配合其他民俗活动的民间艺术。其传承的视觉形象和造型格式，蕴含了丰富的文化历史信息，表达了广大民众的社会认知、道德观念等。剪纸艺术先后入选中国国家级非物质文化遗产名录和人类非物质文化遗产代表作名录。

　　剪纸可以分为单色剪纸、彩色剪纸以及立体剪纸。单色剪纸主要有阴刻、阳刻、阴阳结合三种表现手法。折叠剪纸、剪影、撕纸等都是单色剪纸的表现形式。彩色剪纸的技法有染色、套色、分色、木印、喷绘等。立体剪纸既可以是单色的，又可以是双色的，综合运用绘画、剪刻、折叠等手法产生一种近似于雕塑、浮雕的新型剪纸。

　　折叠剪纸又称"折剪"，以单色居多，是民间最为常见的一种制作方法，通常包括对折、二方连续、四方连续和团花剪纸等。花卉折剪以折叠两至三次为宜，剪出四面均齐的式样，如图6-139所示。对于人物或动物，对折即可剪出左右对称的构图，如图6-140所示。

图 6-139　　　　　　　　　　图 6-140

剪纸的用途大致可分为四类。

- **张贴**：直接张贴于门窗、墙壁、彩扎之上，如窗花、墙花等，如图6-141所示。
- **摆衬**：用于点缀礼品、嫁妆、供品等，如喜花、礼花、重阳旗等。
- **刺绣底样**：用于衣饰、鞋帽、枕头等，如鞋花、枕头花、衣袖花等。
- **印染**：即蓝印花布的印版，用于衣料、被面、包袱、头巾等，如图6-142所示。

图 6-141　　　　　　　　　　图 6-142

第7章

文本的编辑与应用

内容导读

　　文本可以直白地表示设计作品的内涵，起到画龙点睛的作用。本章将对文本的编辑和应用进行讲解，包括使用文字工具组的工具创建文本、区域文字、路径文字；设置字符参数与段落参数；多文本串接、文本分栏以及图文混排等内容。

思维导图

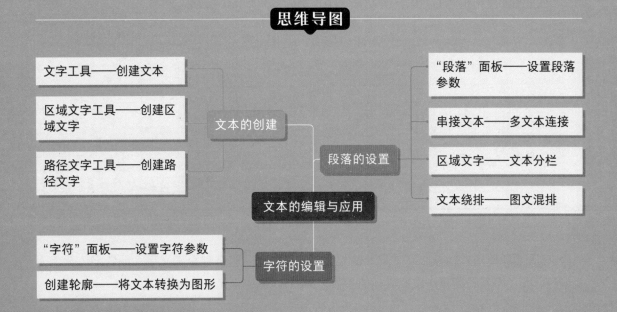

7.1 文本的创建

文本是平面作品中的重要元素之一。通过文本信息，可以体现平面作品的主题思想，也可以对平面作品的各项信息进行系统的解读。

7.1.1 案例解析：制作印章效果

在学习文本的创建之前，可以跟随以下操作步骤了解并熟悉如何使用"椭圆工具""路径文字工具"以及"文字工具"制作印章效果。

步骤 01 置入素材文件"纸张.jpg"，将其调整至文档大小后锁定图层，如图7-1所示。

步骤 02 选择"椭圆工具"，在控制栏中设置填色为无，描边为红色（R：229、G：0、B：18），粗细为10pt，按住Shift键在画板中绘制正圆，效果如图7-2所示。

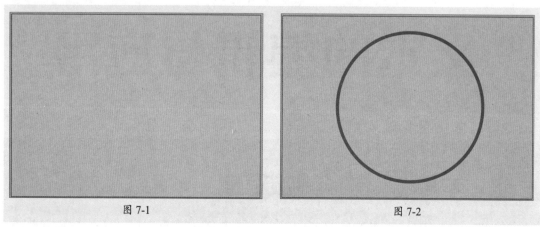

图 7-1   图 7-2

步骤 03 选中绘制的正圆，按Ctrl+C组合键复制，按Ctrl+V组合键粘贴在上方。按住Shift+Alt组合键，从中心等比缩小正圆，描边粗细更改为3pt，如图7-3所示。

步骤 04 使用相同的方法，复制并缩小正圆，效果如图7-4所示。

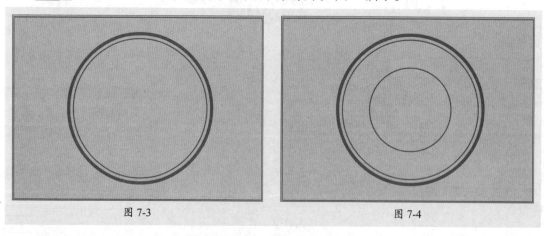

图 7-3   图 7-4

步骤 05 使用"路径文字工具"输入文字，按Ctrl+A组合键全选文字，设置字体颜色为红色，在"字符"面板中设置其他的参数，如图7-5所示。其效果如图7-6所示。

图 7-5

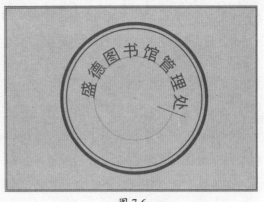

图 7-6

步骤 06 选择路径文字旋转调整显示，如图7-7所示。

步骤 07 选择"星形工具"，按住Shift+Alt组合键绘制正五角星，设置填色为红色，描边为无，如图7-8所示。

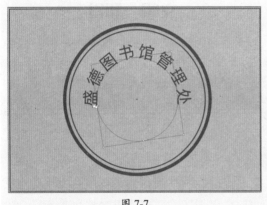

图 7-7

图 7-8

步骤 08 使用"文字工具"输入文字，在"字符"面板中设置参数，如图7-9所示。其效果如图7-10所示。

图 7-9

图 7-10

143

7.1.2 文字工具——创建文本

使用"文字工具"和"直排文字工具"都可以便捷地创建文字，两者区别在于，"文字工具"创建的是沿水平方向排列的文本，而"直排文字工具"创建的是沿垂直方向排列的文本。这两种文字工具主要用于创建点文字和段落文字。

1. 点文字

当需要输入少量文字时，就可以使用"文字工具" **T** 或"直排文字工具" **IT** 创建点文字。点文字是指从单击位置开始随着字符输入而扩展的一行横排文本或一列竖排文本，输入的文字独立成行或列，不会自动换行，如图7-11所示。在需要换行的位置按Enter键可以换行，删除多余标点后，效果如图7-12所示。

图 7-11   图 7-12

2. 段落文字

若需要输入大量文字，就可以通过段落文字进行更好的整理与归纳。段落文字与点文字的最大区别在于，段落文字被限定在文本框中，文字到达文本框边界时将自动换行。选择"文字工具" **T**，在画板上按住鼠标左键拖曳创建文本框，在文本框中输入文字即可创建段落文字，如图7-13、图7-14所示。在文本框中输入文字时，文字到达文本框边界时会自动换行；修改文本框的大小，框内的段落文字也会随之调整。

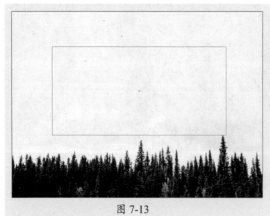
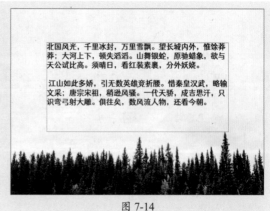

图 7-13   图 7-14

7.1.3　区域文字工具——创建区域文字

使用区域文字工具可以在矢量图形中输入文字，输入的文字将根据区域的边界自动换行。选择"区域文字工具" 或"直排区域文字工具" ，移动光标至矢量图形内部路径边缘上，此时光标变为 形状，如图7-15所示；单击即可输入文字，如图7-16所示。

图 7-15

北国风
光，千里冰封，万
里雪飘。望长城内外，
惟馀莽莽；大河上下，顿失
滔滔。山舞银蛇，原驰蜡象，
欲与天公试比高。须晴日，看红
装素裹，分外妖娆。

江山如此多娇，引无数英雄
竞折腰。惜秦皇汉武，
略输文采；唐宗宋
祖，

图 7-16

7.1.4　路径文字工具——创建路径文字

使用路径文字工具可以创建沿着开放或封闭的路径排列的文字。水平输入文本时，字符的排列与基线平行；垂直输入文本时，字符的排列与基线垂直。

1.创建路径文字

使用路径工具绘制路径后，选择"路径文字工具" 或"直排路径文字工具" ，移动光标至路径边缘，此时光标变为 形状，如图7-17所示；单击将路径转换为文本路径，输入文字即可，如图7-18所示。

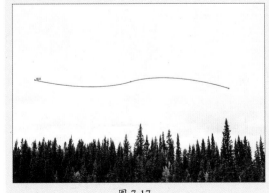

图 7-17

高松出众木，伴我向天涯。客散初晴后，僧来不语时。

图 7-18

2. 调整路径文字的起始位置

选中路径文字，移动光标至其起点位置，待光标变为⊬形状时，按住鼠标左键拖曳可调整路径文字的起点位置，如图7-19所示；移动光标至其终点位置，待光标变为⊬形状时，按住鼠标左键拖曳可调整路径文字的终点位置，如图7-20所示。

图 7-19

图 7-20

3. 翻转路径文字

翻转路径文字即将路径文字翻转至路径另一侧。选中路径文字，移动光标至路径中点标记上，按住鼠标左键拖曳至路径另一侧，即可翻转路径文字，如图7-21、图7-22所示。

图 7-21

图 7-22

4. 路径文字选项

在"路径文字选项"对话框中可以设置路径文字排列效果、对齐路径的方式等。

执行"文字"|"路径文字"|"路径文字选项"命令，在弹出的对话框中可以设置路径的效果、翻转、对齐路径以及间距，如图7-23所示。

图 7-23

7.2 字符的设置

输入文字之前，可以在控制栏或者"字符"面板中设置文字的字体、字号、颜色等属性，也可以选择部分文字进行设置。

7.2.1 案例解析：制作粒子文字效果

在学习字符的设置之前，可以跟随以下操作步骤了解并熟悉如何使用"文字工具""字符"面板以及创建轮廓功能制作粒子文字效果。

步骤 01 在"字符"面板中选择较粗的字体，如图7-24所示。

步骤 02 输入文字R，如图7-25所示。

图 7-24

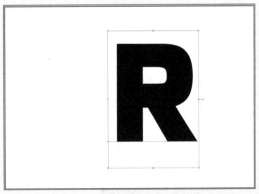

图 7-25

步骤 03 按Ctrl+Shift+O组合键创建轮廓，如图7-26所示。

步骤 04 选择"直接选择工具"，按住Shift键单击字母左侧两个锚点按住鼠标左键向左拉，如图7-27所示。

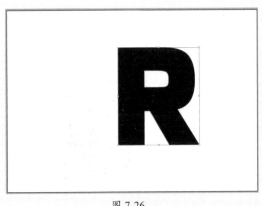

图 7-26

图 7-27

步骤 05 选择"矩形工具"，绘制矩形，覆盖文字，如图7-28所示。

步骤 06 执行"窗口"|"渐变"命令，在弹出的"渐变"面板中创建黑白渐变，如图7-29所示。

| 图 7-28 | 图 7-29 |

步骤 07 执行"效果"|"像素化"|"铜板雕刻"命令，在弹出的"铜板雕刻"对话框中设置参数，单击"确定"按钮，如图7-30所示。其效果如图7-31所示。

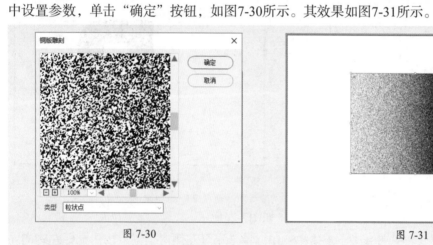

| 图 7-30 | 图 7-31 |

步骤 08 执行"对象"|"扩展外观"命令，其效果如图7-32所示。

步骤 09 单击控制栏中的"图形描摹"按钮，其效果如图7-33所示。

| 图 7-32 | 图 7-33 |

步骤 10 在控制栏中单击"扩展"按钮，效果如图7-34所示。

步骤 11 右击鼠标，在弹出的快捷菜单中选择"取消编组"命令，再执行"对象"|"扩展"命令，效果如图7-35所示。

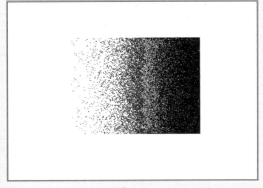

图 7-34   图 7-35

步骤 12 选中白色区域，执行"选择"|"相同"|"填充颜色"命令，效果如图7-36所示。

步骤 13 按Delete键删除该效果，效果如图7-37所示。

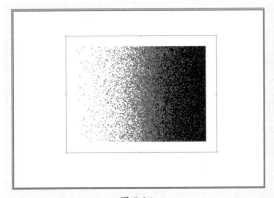

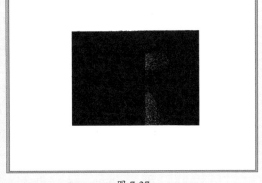

图 7-36   图 7-37

步骤 14 选中文字图层，按Shift+Ctrl+]组合键将其置于顶层，效果如图7-38所示。

步骤 15 按Ctrl+A组合键全选文字，右击鼠标，在弹出的快捷菜单中选择"建立剪贴蒙版"命令，效果如图7-39所示。

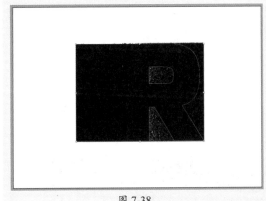

图 7-38   图 7-39

7.2.2 "字符"面板——设置字符参数

使用"字符"面板可以为文档中的单个字符应用格式进行设置。选中输入的文字对象，执行"窗口"｜"文字"｜"字符"命令或按Ctrl+T组合键，打开"字符"面板，如图7-40所示。

"字符"面板中部分选项的功能介绍如下。

- **设置字体系列：**在该下拉列表中可以选择文字的字体。
- **设置字体样式：**设置所选字体的字体样式。
- **设置字体大小**iT**：**在下拉列表中可以选择字体大小，也可以自定义数字。
- **设置行距**△**：**用于设置字符行之间的间距大小。
- **垂直缩放**IT**：**用于设置文字的垂直缩放百分比。
- **水平缩放**I**：**用于设置文字的水平缩放百分比。
- **设置两个字符间距微调**VA**：**用于微调两个字符间的间距。
- **设置所选字符的字距调整**■**：**用于设置所选字符的间距。
- **比例间距**■**：**用于设置日语字符的比例间距。
- **插入空格（左）**■**：**用于在字符左端插入空格。
- **插入空格（右）**■**：**用于在字符右端插入空格。
- **设置基线偏移**A⁴**：**用于设置文字与文字基线之间的距离。
- **字符旋转**⊕**：**用于设置字符旋转角度。
- TT Tr T Tₗ I F**：**用于设置字符效果，从左至右依次为全部大写字母TT、小型大写字母Tr、上标T、下标Tₗ、下划线I和删除线F。
- **设置消除锯齿的方法：**在该下拉列表中可选择无、锐化、明晰以及强。
- **对齐字形：**准确对齐实时文本的边界，可选择"全角字框"■、"全角字框居中"■、"字形边框"Ag、"基线"Ax、"角度参考线"A以及"锚点"A。启用该功能，须启用"视图"｜"对齐字形/智能参考线"功能。

7.2.3 创建轮廓——将文本转换为图形

使用"创建轮廓"命令可以将文本转换为图形对象，使其不再具有字体的属性，但是可以对其进行变形、艺术处理。选中目标文字，执行"文字"｜"创建轮廓"命令或按Shift+Ctrl+O组合键即可将文本转换为图形，如图7-41、图7-42所示。

图 7-41

图 7-42

7.3 段落的设置

对于文字较多的段落，可以在"段落"面板中设置参数，还可以设置多种样式，如多文本串接、文本分栏以及图文混排等。

7.3.1 案例解析：制作网站Banner

在学习段落的设置之前，可以跟随以下操作步骤了解并熟悉如何使用"文字工具""字符"面板以及"段落"面板制作网站Banner效果。

步骤 01 新建一个尺寸为960px×460px的文档并置入素材，如图7-43所示。

步骤 02 选择"矩形工具"，绘制一个和文档等大的矩形，创建剪贴蒙版，如图7-44所示。

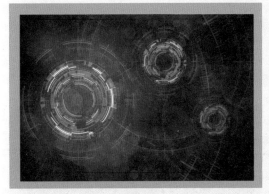
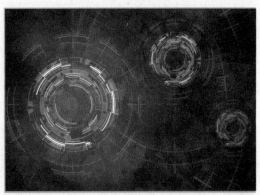

图 7-43   图 7-44

步骤 03 设置"不透明度"为66%，按Ctrl+2组合键锁定图层，如图7-45所示。

步骤 04 选择"矩形工具"，绘制一个和文档等大的矩形，创建线性渐变，如图7-46所示。

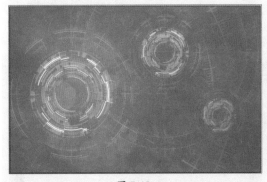
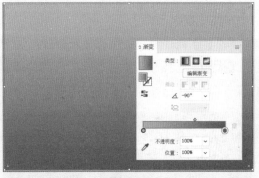

图 7-45   图 7-46

操作提示

在图7-46中，左侧渐变滑块的颜色值为（R：110、G：188、B：233），右侧渐变滑块的值为（R：7、G：107、B：175）。

步骤05 执行"窗口"|"透明度"命令，在"透明度"面板中设置参数，按Ctrl+2组合键锁定图层，如图7-47所示。

步骤06 选择"文字工具"，在"字符"面板中设置参数，如图7-48所示。

图 7-47

图 7-48

步骤07 设置字体颜色为白色，输入文字，如图7-49所示。

步骤08 按住Alt键移动复制文字并更改字体颜色为（R:7、G:64、B:144），如图7-50所示。

图 7-49

图 7-50

步骤09 调整图层顺序和显示位置，如图7-51所示。

步骤10 选择"矩形工具"，绘制一个白色矩形，使用"直接选择工具"调整圆角半径，如图7-52所示。

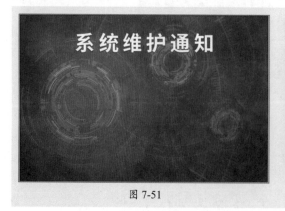

图 7-51

图 7-52

步骤 11 选择"文字工具",拖动绘制文本框,输入文字。按Ctrl+A组合键全选文字,按Ctrl+T组合键,在弹出的"字符"面板中设置参数,如图7-53、图7-54所示。

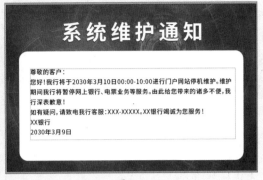

图 7-53   图 7-54

步骤 12 选择后两行文字,在控制栏中单击"右对齐"按钮▤,效果如图7-55所示。

步骤 13 选择中间四行文字,按Alt+Ctrl+T组合键,在弹出的"段落"面板中设置参数,如图7-56所示,其效果如图7-57所示。

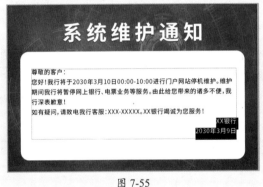

图 7-55   图 7-56

步骤 14 选择段落文字和圆角矩形,再次单击圆角矩形,在控制栏中单击"水平居中对齐"按钮▥和"垂直居中对齐"按钮▥,其效果如图7-58所示。

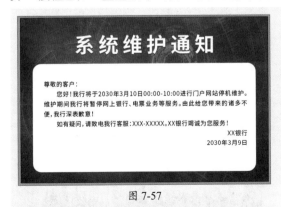

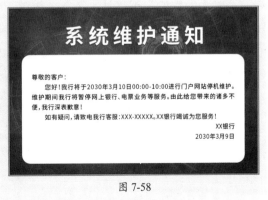

图 7-57   图 7-58

7.3.2 "段落"面板——设置段落参数

"段落"面板可以设置段落格式，包括对齐方式、段落缩进、段落间距等。选中要设置段落格式的段落，执行"窗口"|"文字"|"段落"命令，或按Ctrl+Alt+T组合键，即可打开"段落"面板，如图7-59所示。

图 7-59

1. 文本对齐

"段落"面板最上方包括7种对齐方式："左对齐" ≡、"居中对齐" ≡、"右对齐" ≡、"两端对齐，末行左对齐" ≡、"两端对齐，末行居中对齐" ≡、"两端对齐，末行右对齐" ≡ 及 "全部两端对齐" ≡。

"段落"面板中7种对齐方式的功能如下。

- **左对齐** ≡：文字将与文本框的左侧对齐。
- **居中对齐** ≡：文字将按照中心线和文本框对齐。
- **右对齐** ≡：文字将与文本框的右侧对齐。
- **两端对齐，末行左对齐** ≡：将在每一行中尽量多地排入文字，行两端与文本框两端对齐，最后一行和文本框的左侧对齐。
- **两端对齐，末行居中对齐** ≡：将在每一行中尽量多地排入文字，行两端与文本框两端对齐，最后一行和文本框的中心线对齐。
- **两端对齐，末行右对齐** ≡：将在每一行中尽量多地排入文字，行两端与文本框两端对齐，最后一行和文本框的右侧对齐。
- **全部两端对齐** ≡：文本框中的所有文字将按照文本框两侧进行对齐，中间通过添加字间距进行填充，文本的两侧保持整齐。

2. 段落缩进

缩进是指文本和文字对象边界间的间距，可以为多个段落设置不同的缩进。

在"段落"面板中，包括"左缩进" ≡、"右缩进" ≡ 和"首行左缩进" ≡ 3种缩进方式。选中要设置缩进的对象，在"段落"面板的缩进参数栏中输入数值，即可应用缩进效果。当输入的数值为正数时，文本将相对于段落的左边界向内缩排，如图7-60、图7-61所示。当输入的数值为负数时，文本将相对于段落的左边界向外凸出。

图 7-60

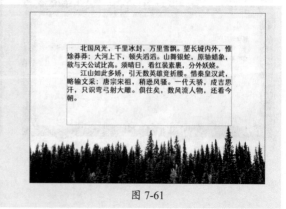

图 7-61

3.段落间距

　　设置段落间距，可以更加清楚地区分段落，便于阅读。在"段落"面板中，可以通过"段前间距"和"段后间距"参数设置所选段落与前一段或后一段的距离。选中要设置间距的文本对象，在"段落"面板的间距参数栏中输入数值即可设置间距，如图7-62、图7-63所示。

图 7-62

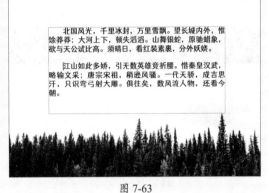

图 7-63

7.3.3　串接文本——多文本连接

　　文本串接是指将多个文本框进行连接，形成一连串的文本框。在第一个文本框中输入文字时，多余的文字会自动显示在第二个文本框里。通过串接文本，可以快速、方便地进行文字布局、字间距、字号的调整与更改。

　　创建区域文字或路径文字时，若文字过多，常常会出现文字溢出的情况。此时文本框或文字末端将出现溢出标记，如图7-64所示。选中文本，使用"选择工具"在溢出标记上单击，移动光标至空白处，此时光标变为形状，单击即可创建与原文本框串接的新文本框，如图7-65所示。

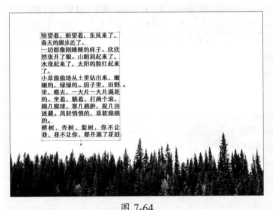

图 7-64

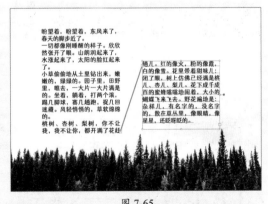

图 7-65

　　此外，还可以串接两个独立的文本框或一个文本框和一个矢量图形。图7-66所示为一个独立的文本框和一个矢量图形，执行"文字"|"串接文本"|"创建"命令即创建串接文本，如图7-67所示。

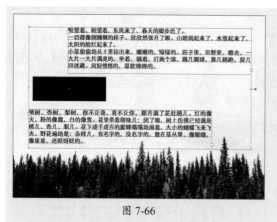

图 7-66

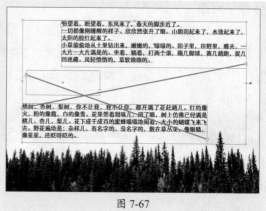

图 7-67

创建串接后，若想解除文本框串接关系，使文字集中到一个文本框内，可以选中需要释放的文本框，执行"文字"|"串接文本"|"释放所选文字"命令，选中的文本框将释放文本串接，变为空的文本框。

除了执行"释放所选文字"命令释放串接文字外，还可以在选中文本框的情况下，移动光标至文本框的 🔲 处并单击，此时光标变为 ◣ 形状，如图7-68所示，再次单击鼠标左键即可释放文本串接。该方法默认将后一个文本框释放为空的文本框，前一个文本框为溢流文本，拖曳后会显示所有文字内容，如图7-69所示。

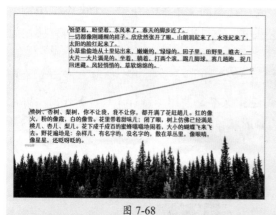

图 7-68

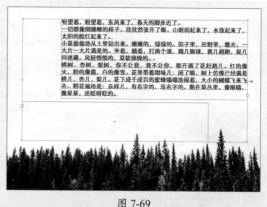

图 7-69

操作提示

　　若想解除文本框之间的串接关系且保持各文本框文本内容，可以通过"移去串接文字"命令实现。选中串接的文本框，执行"文字"|"串接文本"|"移去串接文字"命令即可。

7.3.4　区域文字——文本分栏

　　文本分栏是指将含有大段文本的文本框分为多个小文本框，以便于编排与阅读。文本分栏适用于区域文字。选中要进行分栏的文本框，执行"文字"|"区域文字选项"命令，在弹出的对话框中设置行数量或列数量，如图7-70所示，效果如图7-71所示。

区域文字选项

| 宽度： | ↕ 215.969 mm | 高度： | ↕ 122.468 mm |

行

数量： ↕ 1

列

数量： ↕ 2

跨距： ↕ 122.468 mm

跨距： ↕ 104.81 mm

□ 固定

□ 固定

间距： ↕ 6.35 mm

间距： ↕ 6.35 mm

位移

内边距： ↕ 0 mm

首行基线： 全角字框高度 ∨ 最小值： ↕ 0 mm

对齐

水平： 顶 ∨

选项

文本排列： ⤧ ⤦

□ 自动调整大小 (A)

☑ 预览 (P)

(确定) (取消)

图 7-70

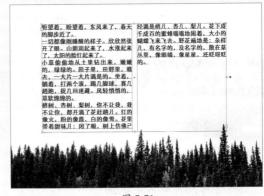

图 7-71

7.3.5 文本绕排——图文混排

使用"文本绕排"命令可以使文本围绕着图形对象的轮廓线进行排列，制作出图文并茂的效果。在进行文本绕排时，需要保证图形在文本上方。选中文本和图形对象，如图7-72所示，执行"对象"|"文本绕排"|"建立"命令，在弹出的提示对话框中单击"确定"按钮即可应用效果，如图7-73所示。

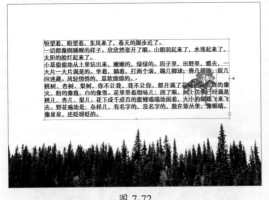

图 7-72

图 7-73

操作提示

建立文本绕排的文本对象必须是文本框中的文字，不能是点文字或路径文字。建立文本绕排的图形对象可以是任意图形、混合对象或置入的位图，但不能是链接的位图。

若想对文本绕排的参数进行设置，可以执行"对象"|"文本绕排"|"文本绕排选项"命令，打开"文本绕排选项"对话框，如图7-74所示。若想取消文本绕排效果，选中绕排对象后，执行"对象"|"文本绕排"|"释放"命令即可。

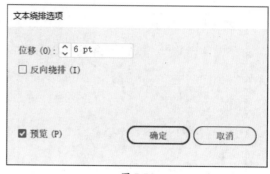

图 7-74

课堂实战 制作拆分字体笔画效果

本章课堂实战练习制作拆分字体笔画效果，可综合练习本章的知识点，以熟练掌握和巩固"文字工具"以及相关设置命令的使用方法。下面将进行操作思路的介绍。

步骤 01 使用"文字工具"输入文字，如图7-75所示。

步骤 02 创建轮廓后取消编组，如图7-76所示。

图 7-75

图 7-76

步骤 03 右击鼠标，在弹出的快捷菜单中选择"释放复合路径"命令，为部分路径填充颜色，如图7-77所示。

步骤 04 输入中文字符，创建轮廓后调整不透明度。使用"矩形工具"绘制一个矩形，全选图形后创建剪贴蒙版，如图7-78所示。

图 7-77

图 7-78

课后练习 制作透叠文字效果

下面将综合使用绘制工具制作透叠文字，效果如图7-79所示。

图 7-79

1. 技术要点

①选择"文字工具"输入文字。

②选择"椭圆工具"绘制正圆。

③编组后，执行"窗口"|"路径查找器"|"差集"命令创建透叠效果。

2. 分步演示

演示步骤如图7-80所示。

图 7-80

拓展赏析

中华文明之汉字的演变

汉字又称中文字、中国字、方块字，属于表意文字的词素音节文字。汉字经历了几千年的漫长演变，经历了甲骨文、金文、篆书、隶书、楷书、草书、行书等阶段，如图7-81所示。

图 7-81

1. 甲骨文

甲骨文是中国的一种古老文字，主要指中国商朝晚期王室用于占卜记事而在龟甲或兽骨上契刻的文字，是我们当前所能见到的最早的成熟汉字。

2. 金文

金文是指铸造在殷周青铜器上的铭文，也叫钟鼎文。所谓青铜，就是铜和锡的合金。在周代以前把铜称为金，所以在铜器上的铭文也称为金文或吉金文字，又因为这类铜器以钟鼎上的字数最多，所以又称为"钟鼎文"。

3. 篆书

篆书在狭义上分为大篆和小篆。大篆指金文、籀文、六国文字，保存着古代象形文字的明显特点。小篆也称秦篆，是秦朝官方文书通用文字，字体修长，上密下疏，形体齐整，适合用于隆重的场合。

4. 隶书

隶书基本是由篆书演化来的，主要将篆书圆转的笔画改为方折，字形多呈宽扁状，横画长而竖画短。隶书始创于秦朝，传说程邈作隶，汉隶在东汉时期达到顶峰，上承篆书传统，下开魏晋、南北朝，对后世书法有不可小觑的影响，书法界有"汉隶唐楷"之称。

5. 楷书

楷书也叫正楷、真书、正书，由隶书逐渐演变而来，字形更趋简化，横平竖直，形体方正，笔画平直，可作楷模，故名。初期楷书仍残留极少的隶笔，结体略宽，横画长而直画短。东晋以后，南北分裂，书法亦分为南北两派，北书刚强，南书蕴藉。唐代书体成熟，书法家辈出，欧阳询、颜真卿、柳公权的楷书作品均为后世所重，奉为习字的模范。楷书也是现代通行的汉字手写正体字。

6. 草书

草书形成于汉代，是为书写简单快捷而在隶书基础上演变出来的，有章草、今草、狂草之分。章草笔画省变有章法可循；今草不拘章法，笔势流畅；狂草笔势狂放不羁，成为完全脱离实用的艺术创作。

7. 行书

行书大约产生于东汉末年，是介于楷书、草书之间的一种字体统称，分为行楷和行草两种。"行"是"行走"的意思，因此，它不像草书那样潦草，也不像楷书那样端正，其实用性和艺术性皆高。行草的代表人物为王羲之、王献之。

第**8**章

图表的编辑与应用

内容导读

　　图表可以直观地显示数据，并展现数据之间的关系，能清晰明了地传递复杂文字和语言所描述的信息，使整体内容更加严谨。本章将对图表的编辑与应用进行讲解，包括多种图表的创建与编辑。

思维导图

```
                                                            ┌─ 柱形图与堆积柱形图
                                        ┌─ 图表的创建 ─────┼─ 条形图与堆积条形图
                                        │                  └─ 其他图表类型
          图表的编辑与应用 ─────────────┤
                                        │
          ┌─ "图表类型"对话框          │
          ├─ 自定义数值轴 ─── 图表的编辑┘
          └─ 图表设计
```

8.1 图表的创建

在Illustrator中，可以使用图表工具创建柱形图、堆积柱形图、条形图、堆积条形图、折线图、面积图、散点图、饼图及雷达图等多个样式图表。

8.1.1 案例解析：制作门店销售额图表

在学习图表的创建之前，可以跟随以下操作步骤了解并熟悉如何使用"堆积柱形图工具"制作门店销售额图表。

步骤 01 选择"堆积柱形图工具"，在画板中按住鼠标左键拖动绘制图表范围，效果如图8-1所示。

步骤 02 在弹出的图表数据输入框中输入数据，如图8-2所示。

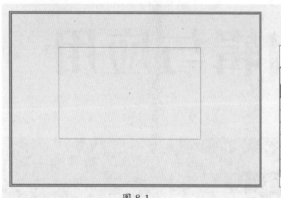

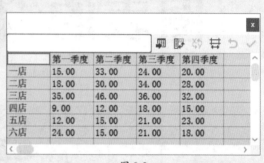

	第一季度	第二季度	第三季度	第四季度
一店	15.00	33.00	24.00	20.00
二店	18.00	30.00	34.00	28.00
三店	35.00	46.00	36.00	32.00
四店	9.00	12.00	18.00	15.00
五店	12.00	15.00	21.00	23.00
六店	24.00	15.00	21.00	18.00

图 8-1　　　　　　　　　　　　图 8-2

步骤 03 单击"应用"按钮 ✓，应用数据生成图表，如图8-3所示。

步骤 04 使用"编组选择工具"单击"第一季度"图例将其选中，按住Shift键加选第一季度所有图形，如图8-4所示。

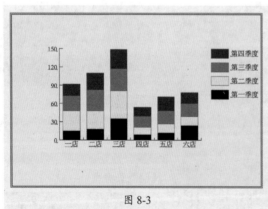

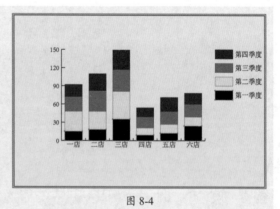

图 8-3　　　　　　　　　　　　图 8-4

步骤 05 执行"窗口"|"色板库"|"艺术史"|"流行艺术风格"命令，在弹出的"流行艺术风格"面板中选择"流行艺术8"，单击第一个色块进行填充，如图8-5所示，效果如图8-6所示。

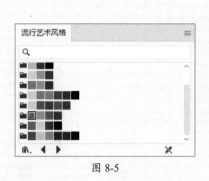

图 8-5

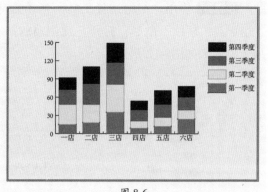

图 8-6

步骤 06 使用相同的方法，为第二季度、第三季度、第四季度柱形图分别设置"流行艺术8"中的颜色，如图8-7所示。

步骤 07 选择所有的柱形图，在控制栏中设置描边为无，如图8-8所示。

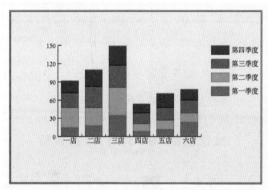

图 8-7

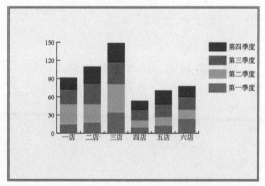

图 8-8

步骤 08 使用"编组选择工具"选中所有文字，在"字符"面板中设置参数，如图8-9所示，效果如图8-10所示。

图 8-9

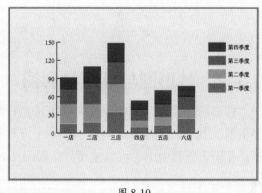

图 8-10

步骤 **09** 使用"编组选择工具"拖动选择图例，右击鼠标，在弹出的快捷菜单中选择"变换"|"缩放"命令，打开"比例缩放"对话框，设置"等比"缩放为70%，如图8-11所示，效果如图8-12所示。

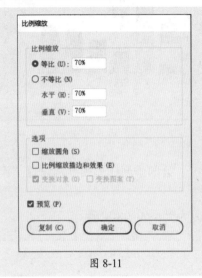

图 8-11

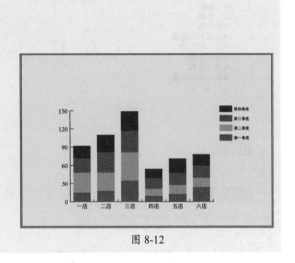

图 8-12

步骤 **10** 使用"文字工具"输入标题，在"字符"面板中设置参数，其中，"单位：万元"的字号为20pt，字间距为100%，如图8-13所示，效果如图8-14所示。

图 8-13

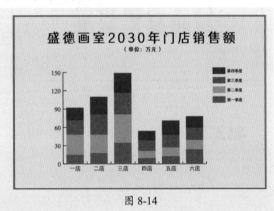

图 8-14

8.1.2　柱形图与堆积柱形图

柱形图是比较常用的图表表示方法，柱形的高度对应数值。柱形图可以组合显示正值和负值，其中，正值显示为在水平轴上方延伸的柱形；负值显示为在水平轴下方延伸的柱形。在图表工具组中，可以使用"柱形图工具"▥和"堆积柱形图工具"▥绘制柱形图表。

1.柱形图工具

选择"柱形图工具"▥，可以直接按住鼠标左键拖曳绘制图表显示范围。若要精确绘制，可以在画板上单击，在弹出的对话框中设置图表的宽度和高度，如图8-15所示。设置完成后，单击"确定"按钮，弹出图表数据输入框，如图8-16所示。在输入框中输入参数后，单击"应用"按钮✓，即可生成相应的图表。

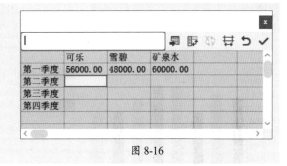

 图 8-15　　　　　　　　　　　　　　　　　　　　图 8-16

图表数据输入框中各选项的功能如下。

- **导入数据** ▤：单击该按钮，将打开"导入图表数据"对话框，可从该对话框中选择外部文件，导入数据信息。

- **换位行/列** ▥：单击该按钮，将交换横排和竖排的数据。交换后，单击"应用"按钮 ✓，方能看到效果。

- **切换x/y** ⟲：单击该按钮，将调换x轴和y轴的位置。

- **单元格样式** ⊟：单击该按钮，将打开"单元格样式"对话框，可以在该对话框中设置单元格小数位数和列宽度。

- **恢复** ↺：该按钮须在单击"应用"按钮 ✓ 之前使用。单击该按钮，将使文本框中的数据恢复至前一个状态。

- **应用** ✓：单击该按钮，将图表数据输入框的数据应用至图表。

创建图表后，若想修改图表，可以选中图表，在图表数据输入框中输入数值，再单击"应用"按钮 ✓，即可根据输入的数值修改图表，如图8-17所示，效果如图8-18所示。

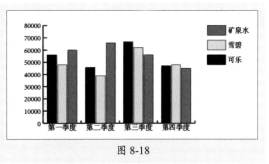

图 8-17　　　　　　　　　　　　　　　　　　　　图 8-18

操作提示

若关闭了图表数据输入框，可以选中图表并右击，在弹出的快捷菜单中选择"数据"命令或执行"对象"|"图表"|"数据"命令，重新打开图表数据输入框进行设置。

创建图表后，若想缩放其大小，可以执行"对象"|"变换"|"缩放"命令。也可以选中图表后右击，在弹出的快捷菜单中执行"变换"|"缩放"命令。图8-19所示为放大200%的效果。

若想设置图表的外观和标签，可以使用"直接选择工具" ▷或"编组选择工具" ▷⁺选

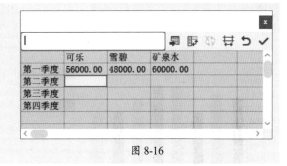

第 8 章　图表的编辑与应用

165

中图表中的图形、文字进行更改，可按住Shift键选中多个部分一起设置，也可以在设置一个后使用"吸管工具"拾取并应用属性，如图8-20所示。

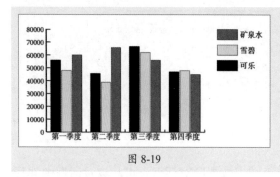

图 8-19

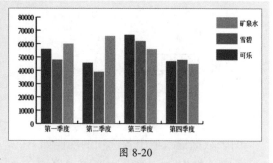

图 8-20

2. 堆积柱形图工具

　　堆积柱形图与柱形图类似，不同之处在于柱形图只显示单一的数据比较，而堆积柱形图则显示全部数据总和的比较，如图8-21所示。堆积柱形图的柱形高度对应参加比较的数值，其数值必须全部为正数或全部为负数。因此，常用堆积柱形图来比较数据总量。

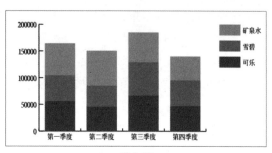

图 8-21

8.1.3 条形图与堆积条形图

　　条形图类似于柱形图，只是柱形图是以垂直方向上的矩形显示图表中的各组数据，而条形图是以水平方向上的矩形来显示图表中的数据。使用"条形图工具" ▤ 创建的图表如图8-22所示。

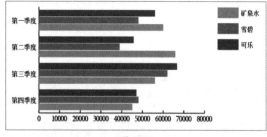

图 8-22

　　堆积条形图类似于堆积柱形图，但是堆积条形图是以水平方向的矩形条来显示数据总量的。使用"堆积条形图工具" ▤ 创建的图表如图8-23所示。

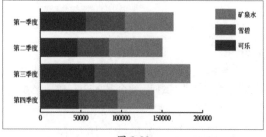

图 8-23

8.1.4 其他图表类型

在图表工具组中还可以创建其他类型的图表。

1. 折线图

折线图也是一种比较常见的图表类型，该类型图表可以显示某种事物随时间变化的发展趋势，并明显地表现出数据的变化走向，给人以直接明了的视觉效果。使用"折线图工具"创建的图表如图8-24所示。

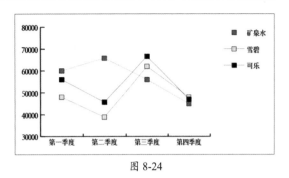

图 8-24

2. 面积图

面积图与折线图类似，区别在于面积图是利用折线下的面积而不是折线来表示数据的变化情况。使用"面积图工具"创建的图表如图8-25所示。

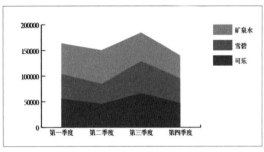

图 8-25

3. 散点图

使用"散点图工具"创建的散点图表可以将两种有对应关系的数据同时在一个图表中表现出来。散点图表的横坐标与纵坐标都是数据坐标，两组数据的交叉点形成了坐标点。选择"散点图工具"，在画板上单击，在弹出的图表数据输入框中输入数据，如图8-26所示。单击"应用"按钮，即可生成图表，如图8-27所示。

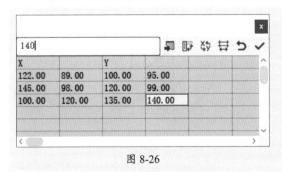

图 8-26

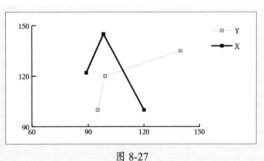

图 8-27

4. 饼图

饼图是一种常见的图表，适用于一个整体中各组成部分的比较，该类图表的应用范围比较广。饼图将数据整体显示为一个圆，每组数据按照其在整体中所占的比例，以不同颜色的扇形区域显示出来。选择"饼图工具"，在画板上单击，在弹出的图表数据输入框中输入数据，如图8-28所示。单击"应用"按钮 ✓，即可生成图表，如图8-29所示。

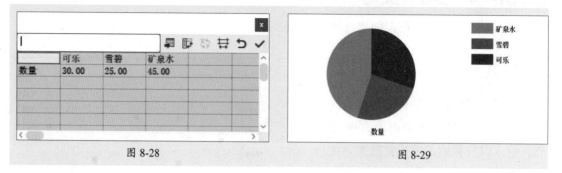

图 8-28　　　　　　　　　　　　　　　　　图 8-29

操作提示

制作饼图时，图表数据输入框中的每行数据都可以生成单独的图表。可以创建多个数据行，从而创建多个饼图，如图8-30所示。默认情况下，单独饼图的大小与每个图表数据的总数成比例，如图8-31所示。

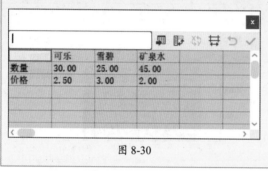
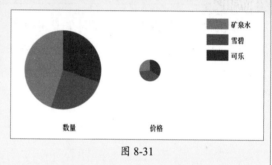

图 8-30　　　　　　　　　　　　　　　　　图 8-31

5. 雷达图

雷达图是以一种环形的形式对图表中的各组数据进行比较，形成比较明显的数据对比，该类型图表适合表现一些变化悬殊的数据。选择"雷达图工具" ⊛，在画板上单击，在弹出的图表数据输入框中输入数据，如图8-32所示。单击"应用"按钮 ✓，即可生成图表，如图8-33所示。

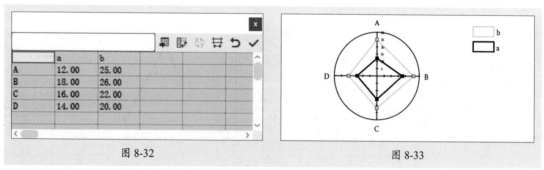

图 8-32　　　　　　　　　　　　　　　　　图 8-33

8.2　图表的编辑

在Illustrator软件中，用户可以重新编辑已创建的图表，如更改数据、转换图表类型等，使其更加符合需要。

8.2.1　案例解析：转换图表类型

在学习图表的编辑之前，可以跟随以下操作步骤了解并熟悉如何使用"图表类型"对话框快速转换图表类型。

步骤 01 打开素材文档"门店销售额图表.ai"，如图8-34所示。

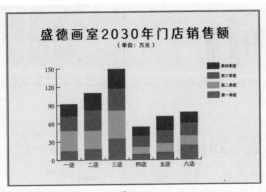

图 8-34

步骤 02 选择图表，右击鼠标，在弹出的快捷菜单中选择"类型"命令，在弹出的"图表类型"对话框中设置参数，如图8-35所示，单击"确定"按钮，即可生成图表，如图8-36所示。

图 8-35

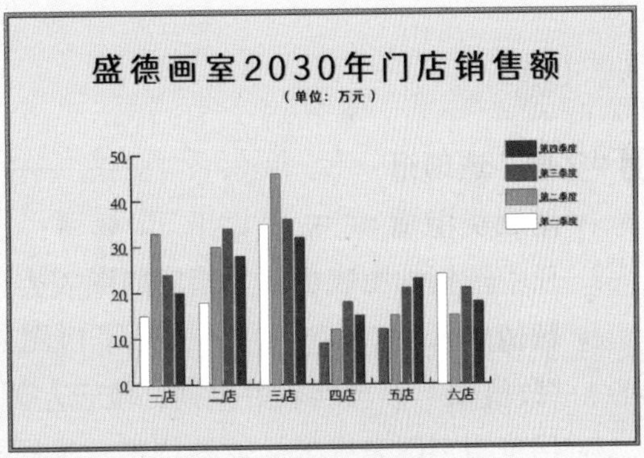

图 8-36

步骤 03 使用"编组选择工具"单击"第一季度"图例将其选中，按住Shift键加选第一季度所有图形，如图8-37所示。

步骤 04 在"流行艺术风格"面板中选择"流行艺术8"，单击第一个色块进行填充，效果如图8-38所示。

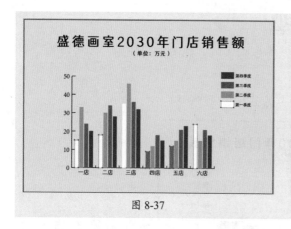

图 8-37

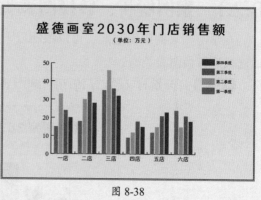

图 8-38

8.2.2 "图表类型"对话框

通过"图表类型"对话框,可以更改图表的类型,并对图表的样式、选项及坐标轴等进行设置。执行"对象"|"图表"|"类型"命令或右击图表,在弹出的快捷菜单中选择"类型"命令,即可打开"图表类型"对话框,如图8-39所示。

在"图表类型"对话框中,各选项的功能如下所述。

图 8-39

1. "类型"选项组

- **图表类型** ⬛️ 📊 ▤ ▥ 📈 📉 🗠 ● ⊗:选择图表类型,单击"确定"按钮,即可将页面中选择的图表更改为指定的图表类型。

- **数值轴** 数值轴(X): 位于左侧 ▾:除了饼图外,其他类型的图表都有一条数值坐标轴。在"数值轴"下拉列表中包括"位于左侧""位于右侧"和"位于两侧"3个选项,分别用于指定图表中坐标轴的位置。选择不同的图表类型,"数值轴"中的选项也不完全相同。

2. "样式"选项组

- **添加投影**:选中该复选框后,将在图表中添加阴影,增强图表的视觉效果。
- **在顶部添加图例**:选中该复选框后,图例将显示在图表的上方。
- **第一行在前**:选中该复选框后,图表数据输入框中第一行的数据所代表的图表元素显示在前面。
- **第一列在前**:选择该复选框后,图表数据输入框中第一列的数据所代表的图表元素显示在前面。

3. **"选项"选项组**

除了面积图外，其他类型的图表都有一些附加选项可以选择。不同类型图表的附加选项也会有所不同。柱形图、堆积柱形图的"选项"选项组如图8-40所示；条形图、堆积条形图的"选项"选项组如图8-41所示。

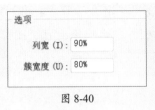

图 8-40

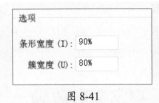

图 8-41

- **列宽：** 用于设置图表中每个柱形的宽度。
- **条形宽度：** 用于设置图表中每个条形的宽度。
- **簇宽度：** 用于设置所有柱形或条形所占据的可用空间。

操作提示

大于100%的数值会导致柱形、条形或簇相互重叠；小于100%的值会在柱形、条形或簇之间保留空间；值为100%时，会使柱形、条形或簇相互对齐。

折线图、雷达图的"选项"选项组如图8-42所示。散点图没有"线段边到边跨X轴"选项。

图 8-42

- **标记数据点：** 选择该复选框，将在每个数据点上放置方形标记。
- **连接数据点：** 选择该复选框，将在每组数据点之间进行连线。
- **线段边到边跨X轴：** 选择该复选框，将绘制观察水平坐标轴的线段。该选项不适用于散点图。
- **绘制填充线：** 选择该复选框，将激活"线宽"文本框。可以根据"线宽"文本框中输入的值创建更宽的线段，"绘制填充线"会根据该系列数据的规范来确定用何种颜色填充线段。只有选择"连接数据点"复选框时，该选项才有效。

饼图的"选项"选项组如图8-43所示。

图 8-43

- **图例：** 用于设置图例位置，包括"无图例""标准图例"和"楔形图例"3个选项。其中，"无图例"选项将完全忽略图例；"标准图例"选项将在图表外侧放置列标签（默认为该选项），将饼图与其他种类的图表组合显示时可选择该选项；"楔形图例"选项将把标签插入相应的楔形中。
- **排序：** 用于设置楔形的排序方式，包括"全部""第一个"和"无"3个选项。其中，"全部"选项将在饼图顶部按顺时针顺序，从最大值到最小值对所选饼图的楔形进行排序；"第一个"选项将对所选饼图的楔形进行排序，以便将第一幅饼图中的最大值放置在第一个楔形中，其他将按从最大到最小的顺序排序，所有其他图表将遵循第一幅图表中楔形的顺序；"无"选项将从图表顶部按顺时针方向输入值的顺序，将所选饼图的楔形排序。

- **位置：** 用于设置多个饼图的显示方式，包括"比例""相等"和"堆积"3个选项。其中，"比例"选项将按比例调整图表的大小；"相等"选项让所有饼图都有相同的直径；"堆积"选项将相互堆积每个饼图，每个图表按比例调整大小。

8.2.3 自定义数值轴

除了饼图之外，所有的图表都有显示图表测量单位的数值轴。在"图表类型"对话框顶部的下拉列表中选择"数值轴"选项，如图8-44所示。

该对话框中各选项组的功能如下。

- **刻度值：** 用于确定数值轴、左轴、右轴、下轴或上轴上的刻度线的位置。选择"忽略计算出的值"复选框时，将激活下方的3个数值，其中，"最小值"选项用于设置坐标轴的起始值，即图表原点的坐标值；"最大值"选项用于设置坐标轴的最大刻度值；"刻度"选项用于设置将坐标轴分为多少个部分。

图 8-44

- **刻度线：** 用于确定刻度线的长度和每个刻度之间刻度线的数量。其中，"长度"选项用于确定刻度线长度，包括3个选项，"无"选项表示不使用刻度标记，"短"选项表示使用短的刻度标记，"全宽"选项表示刻度线将贯穿整个图表。"绘制"选项表示相邻两个刻度间的刻度标记条数。
- **添加标签：** 确定数值轴、左轴、右轴、下轴或上轴上的数字的前缀和后缀。其中，"前缀"选项是在数值前加符号，"后缀"选项是在数值后加符号。

8.2.4 图表设计

选中图形对象，执行"对象"|"图表"|"设计"命令，打开"图表设计"对话框，单击"新建设计"按钮，即可将选中的图形对象新建为图表图案，如图8-45所示。单击"重命名"按钮，可以打开"图表设计"对话框，设置选中图案的名称，以便于后期使用。命名完成后单击"确定"按钮，效果如图8-46所示。再单击"确定"按钮，应用设置。

图 8-45　　　　　　　　　　　　　　　　图 8-46

若想应用新建设计，选中图表，如图8-47所示，执行"对象"|"图表"|"柱形图"命令，在弹出的话框中设置参数，如图8-48所示。

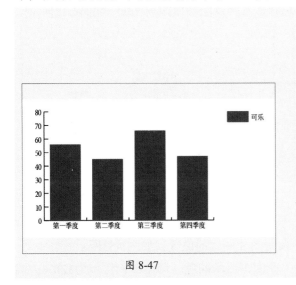

图 8-47

图 8-48

"图表列"对话框中的"列类型"选项可用于设置不同的显示方式，其下拉列表中各选项的功能如下。

- **垂直缩放：**选择该选项，将在垂直方向进行伸展或压缩而不改变宽度，如图8-49所示。
- **一致缩放：**选择该选项，将在水平和垂直方向同时缩放。

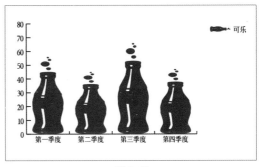

图 8-49

173

- **重复堆叠**：选择该选项，将以堆积方式填充柱形。可以指定"每个设计表示"的值，"对于分数"可选择"截断设计"或"缩放设计"，如图8-50所示。
- **局部缩放**：该选项类似于"垂直缩放"，但可以在指定伸展或压缩的位置。

图 8-50

课堂实战 制作饼图图表

本章课堂实战练习制作饼图图表，可综合练习本章的知识点，以熟练掌握和巩固应用"饼图工具""编组选择工具"制作图表。下面将进行操作思路的介绍。

步骤 01 使用"饼图工具"绘制图表，如图8-51所示。

步骤 02 选择"编组选择工具"，更改饼图颜色，调整图例比例为70%，如图8-52所示。

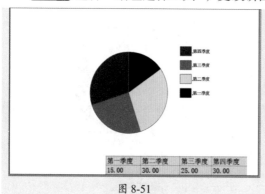

图 8-51

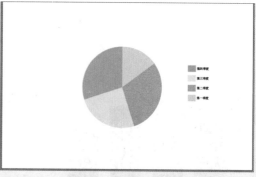

图 8-52

步骤 03 使用"文字工具"输入标题，更改饼图和图例的位置，如图8-53所示。

步骤 04 选择"编组选择工具"，更改第一季度饼图的颜色，调整图例比例为120%；调整位置后更改填充颜色，如图8-54所示。

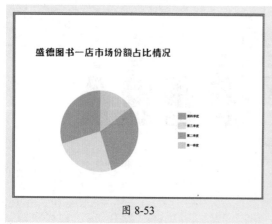

图 8-53

图 8-54

课后练习 制作服装店盘点库存图

下面将综合使用图表工具以及图表命令制作服装店盘点库存图表，如图8-55所示。

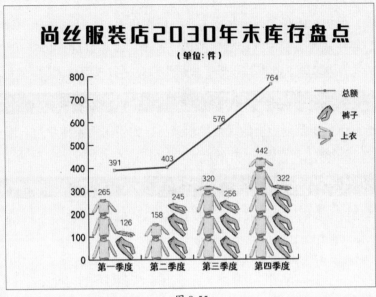

图 8-55

1. 技术要点

①使用"柱形图工具"绘制柱形图表，使用"图表类型"对话框转换部分图表。

②执行"对象"|"图表"|"设计"命令设计图表图案。

③使用"文字工具"输入文字。

2. 分步演示

演示步骤如图8-56所示。

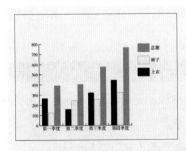
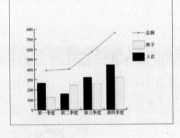
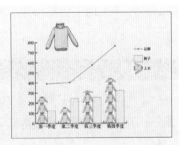

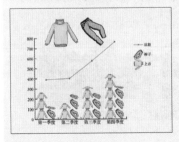
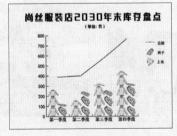
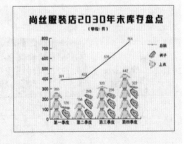

图 8-56

走进博物馆

博物馆是典藏人文自然遗产的文化教育机构，也是为社会服务的非营利性常设机构，用于研究、收藏、保护、阐释和展示物质与非物质文化遗产。从1905年中国人开办的第一家博物馆到2021年年底，全国博物馆机构多达5772个，藏品数量达4665万件（套）。中国的博物馆可以划分为历史类、艺术类、科学与技术类、综合类四种类型。

1. 历史类

历史类的博物馆主要是以历史的观点展示藏品，如中国国家博物馆、南京博物院（见图8-57）、武汉革命博物馆、中国共产党第一次全国代表大会会址纪念馆等。

2. 艺术类

艺术类的博物馆主要展示藏品的艺术和美学价值，如故宫博物院（见图8-58）、中国南京云锦博物馆、徐悲鸿纪念馆、北京奥运博物馆等。

图 8-57 南京博物院

图 8-58 故宫博物院

3. 科学与技术类

科技与技术类博物馆主要以分类、发展或生态的方法展示自然界，以立体的方法从宏观或微观方面展示科学成果，如中国地质博物馆、中国科学博物馆（见图8-59）、中国印刷博物馆、自贡恐龙博物馆等。

4. 综合类

综合类博物馆主要综合展示地方自然、历史、革命史、艺术方面的藏品，如南京博物馆、山东省博物馆、苏州博物馆（见图8-60）、湖南省博物馆等。

图 8-59 中国科学博物馆

图 8-60 苏州博物馆

第 **9** 章

效果的编辑与应用

内容导读

　　效果可以改变一个对象的外观，但不会改变对象的原始结构。本章将对效果的编辑和应用进行讲解，包括为绘制的矢量图形应用的Illustrator效果，制作出丰富的纹理和有质感的Photoshop效果，以及方便快捷的"图形样式"和"外观"面板。

思维导图

效果画廊——滤镜库	
像素化——平面艺术效果	Photoshop 效果
扭曲——波纹扭曲效果	
模糊——淡化边界颜色	
画笔描边——模拟图像绘画效果	效果的编辑与应用
素描——模拟绘画质感效果	
纹理——模拟常见材质纹理	
艺术效果——制作艺术纹理效果	外观与样式

Illustrator 效果	3D和材质——创建3D效果
	变形——使对象弯曲变形
	扭曲和变换——改变对象的形状
	路径查找器——调整对象的形态
	转换为形状——将对象转换为几何形状
	风格化——增强图像空间感
	"图形样式"面板——快速更改对象外观
	"外观"面板——查看、调整外观属性

9.1 Illustrator效果

Illustrator软件中包括多种效果，用户可以通过这些效果，更改某个对象、组或图层的特征，而不改变其原始信息。"效果"菜单上半部分是Illustrator效果，主要应用于绘制的矢量图形。

9.1.1 案例解析：制作几何立体文字

在学习Illustrator效果之前，可以跟随以下操作步骤了解并熟悉如何执行"3D和材质"命令制作几何立体文字。

步骤 01 选择"文字工具"，输入文字BR，在"字符"面板中设置参数，如图9-1所示。

步骤 02 按Shift+Ctrl+O组合键创建轮廓，如图9-2所示。

图 9-1

图 9-2

步骤 03 选择"直线段工具"，按住Shift键绘制一条45°角的直线段，在控制栏中设置参数，如图9-3所示。

步骤 04 按住Alt键移动复制线段，按Ctrl+D组合键连续复制线段，如图9-4所示。

图 9-3

图 9-4

步骤 05 调整文字位置，如图9-5所示。

步骤 06 按Ctrl+A组合键全选图形，按Shift+M组合键启动形状生成器工具，如图9-6所示。

图 9-5

图 9-6

步骤 07 按住Alt键删除与文字重合之外的线条，如图9-7所示。

步骤 08 选择文字并删除，如图9-8所示。

图 9-7

图 9-8

步骤 09 执行"效果"|"3D和材质"|"3D（经典）"|"凸出和斜角（经典）"命令，在弹出的"3D凸出和斜角选项（经典）"对话框中设置参数，如图9-9、图9-10所示。

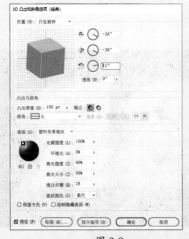

图 9-9

图 9-10

步骤 **10** 执行"对象"|"扩展外观"命令，效果如图9-11所示。

步骤 **11** 使用"魔棒工具"选择灰色部分，按Ctrl+X组合键剪切图形，按Ctrl+V组合键粘贴图形，如图9-12所示。

图 9-11

图 9-12

步骤 **12** 删除线条部分，调整灰色部分使其居中对齐，如图9-13所示。

步骤 **13** 选为灰色部分填充渐变，在"渐变"面板中设置参数，如图9-14所示。

图 9-13

图 9-14

步骤 **14** 应用渐变效果，如图9-15所示。

步骤 **15** 选择"矩形工具"，绘制矩形并填充黑色，按Shift+Ctrl+[组合键将矩形置于底层，按Ctrl+2组合键锁定图层，如图9-16所示。

图 9-15

图 9-16

9.1.2 3D和材质——创建3D效果

3D效果可以为对象添加立体效果，可以通过高光、阴影、旋转及其他属性来控制3D对象的外观，还可以在3D对象的表面添加贴图效果。Illustrator中常用的3D效果包括"凸出和斜角""绕转"和"旋转"3种。

凸出和斜角

"凸出和斜角"命令可以沿对象的Z轴凸出拉伸一个2D对象，增加对象深度，制作出立体效果。选择目标对象，执行"效果"|"3D和材质"|"3D（经典）"|"凸出和斜角（经典）"命令，在弹出的对话框中可设置参数，如图9-17所示。

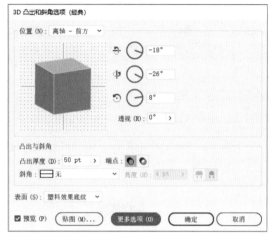

图 9-17

该对话框中部分选项的功能如下。

● **位置：**用于设置对象如何旋转，在下方的预览区域中还可观看对象的透视角度。用户可以在下拉列表中选择预设的选项，也可以通过右侧的三个文本框进行不同方向的旋转调整，或直接使用鼠标拖曳调整。

● **透视：**用于设置对象的透视效果。数值设置为0°时，没有任何效果；角度越大，透视效果越明显。

● **凸出厚度：**用于设置凸出的厚度，取值范围为0～2000。

● **端点：**用于设置显示的对象是实心（开启端点 ●）还是空心（关闭端点 ●）。

● **斜角：**用于设置斜角效果。

● **高度：**设置1～1000的高度值。"斜角外扩" 🔳 选项会将斜角添加至对象的原始形状；"斜角内缩" 🔳 选项会将对象的原始形状砍去斜角。

● **表面：**设置表面底纹。选择"线框"，会显示几何形状的对象，表面透明；选择"无底"，不会向对象添加任何底纹；选择"扩散底纹"，会使对象以一种柔和扩散的方式反射光；选择"塑料效果底纹"，会使对象以一种闪烁的材质模式反光。

● **更多选项：**单击该按钮，可以在展开的参数窗口中设置光源强度、环境光、高光强等参数。

若想为凸出对象添加贴图，可以单击"贴图"按钮，在弹出的"贴图"对话框中选择表面后，选择要用作贴图的符号再进行编辑，如图9-18所示。

图 9-18

图9-19、图9-20所示为应用"凸出和斜角"效果的前后对比。

图 9-19

图 9-20

2. 绕转

"绕转"命令将围绕全局Y轴产生一条路径或剖面，令其做圆周运动后创建立体效果。选择目标对象，执行"效果"|"3D和材质"|"3D（经典）"|"绕转（经典）"命令，在弹出的对话框中可设置参数，如图9-21所示。

该对话框中常用选项的功能如下。

- **角度：**用于设置绕转角度，取值范围为0°～360°。
- **位移：**用于设置绕转轴和路径之间的距离。
- **自：**用于设置绕转轴位于对象左边还是右边。

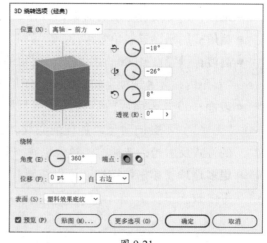

图 9-21

图9-22、图9-23所示为应用"绕转"效果的前后对比。

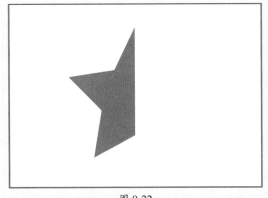

图 9-22

图 9-23

3. 旋转

"旋转"命令可以在三维空间中旋转对象。选择目标对象,执行"效果"|"3D和材质"|"3D(经典)"|"旋转(经典)"命令,在弹出的对话框中可设置参数,如图9-24所示。

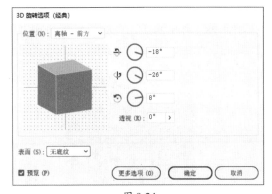

图 9-24

图9-25、图9-26所示为应用"旋转"效果的前后对比。

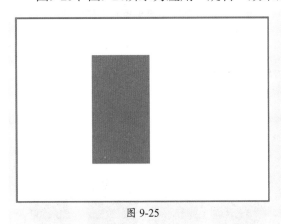

图 9-25

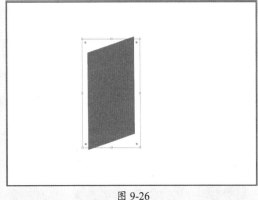

图 9-26

9.1.3　变形——使对象弯曲变形

"变形"效果组中的效果可以使选中的对象在水平或垂直方向上产生变形,可以将这些效果应用至对象、组和图层中。

选中要变形的对象,选择"效果"|"变形"命令,在其子菜单执行相应的命令,打开

"变形选项"对话框，如图9-27所示。在"样式"下拉列表中可以选择不同的变形效果，并对其进行设置。

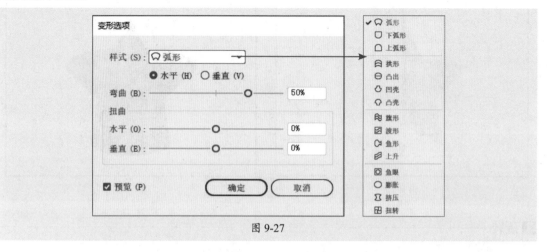

图 9-27

图9-28、图9-29所示分别为矩形应用"旗形""挤压"的效果。

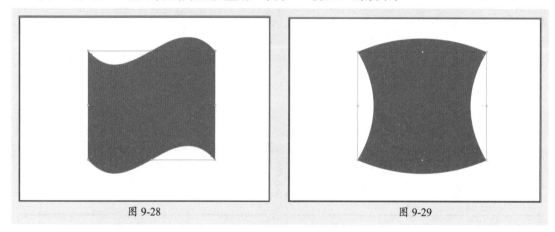

图 9-28　　　　　　　　　　　　　图 9-29

9.1.4　扭曲和变换——改变对象的形状

"扭曲和变换"效果组中的效果可以改变对象的形状，但不会改变对象的几何形状。在该组中包括"变换""扭拧""扭转""收缩和膨胀""波纹效果""粗糙化"和"自由扭曲"7种效果，如图9-30所示。

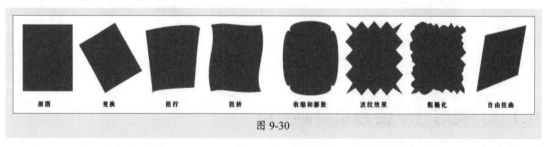

图 9-30

这7种效果的作用如下。

- **变换**：该效果可以缩放、调整、移动或镜像对象。
- **扭拧**：该效果可以随机地向内或向外弯曲和扭曲对象。可以通过设置"垂直"和"水平"扭曲来控制图形变形效果。
- **扭转**：该效果可以顺时针或逆时针扭转对象形状。数值为正时，将顺时针扭转；数值为负时，将逆时针扭转。
- **收缩和膨胀**：该效果将以所选对象中心点为基点，收缩或膨胀变形对象。数值为正时，将膨胀变形对象；数值为负时，将收缩变形对象。
- **波纹效果**：该效果可以波纹化扭曲路径边缘，使路径内外侧分别出现波纹或锯齿状的线段锚点。
- **粗糙化**：该效果可以将对象的边缘变形为各种大小的尖峰或凹谷的锯齿，使之看起来粗糙。
- **自由扭曲**：该效果可以通过拖动4个控制点来改变矢量对象的形状。

9.1.5 路径查找器——调整对象的形态

"路径查找器"效果和"路径查找器"面板原理相同，但是"路径查找器"效果不会对原始对象产生真实的变形，"路径查找器"面板则会对图形本身的形态进行调整，被删掉的部分彻底消失。"路径查找器"效果组中有13种效果，具体如下。

- **相加**：描摹所有对象的轮廓，得到的图形使用顶层对象的颜色属性。
- **交集**：描摹对象重叠区域的轮廓。
- **差集**：描摹对象未重叠的区域。若有偶数个对象重叠，重叠处会变成透明；若有奇数个对象重叠，重叠的地方则会填充顶层对象颜色。
- **相减**：从最后面的对象减去前面的对象。
- **减去后方对象**：从最前面的对象减去后面的对象。
- **分割**：按照图形的重叠，将图形分割为多个部分。
- **修边**：删除所有描边，且不会合并相同颜色的对象。
- **合并**：删除已填充对象被隐藏的部分。它会删除所有描边并且合并具有相同颜色的相邻或重叠对象。
- **裁剪**：将图形分割为作为其构成成分的填充表面，删除图形中所有落在最上方对象边界之外的部分，还会删除所有描边。
- **轮廓**：将对象分割为其组件线段或边缘。
- **实色混合**：通过选择每个颜色组件的最高值来组合颜色。
- **透明混合**：使底层颜色透过重叠的图形可见，然后将图形划分为其构成部分的表面。
- **陷印**：通过识别较浅色的图形并将其陷印到较深色的图形中，为简单对象创建陷印。可以从"路径查找器"面板中应用"陷印"命令，或者将其作为效果进行应用。

9.1.6 转换为形状——将对象转换为几何形状

"转换为形状"效果组中的效果可以将矢量对象的形状转换为矩形、圆角矩形或椭圆。图9-31所示为原始效果和转换后的效果。

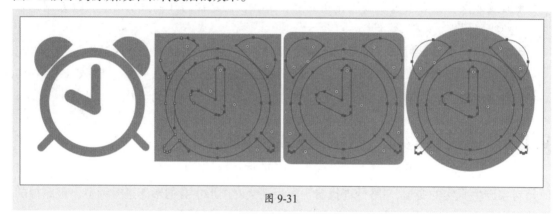

图 9-31

9.1.7 风格化——增强图像空间感

"风格化"效果组可以为对象添加特殊的效果，制作出具有艺术质感的图像。该效果组中有6种效果，具体如下。

1. 内发光

"内发光"效果可以在对象内侧添加发光效果。选中对象后，执行"效果"|"风格化"|"内发光"命令，在弹出的对话框中可设置参数，如图9-32所示。

"内发光"对话框中主要选项含义如下。

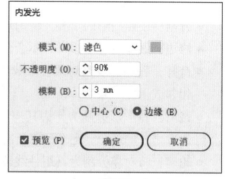

图 9-32

- **模式**：设置内发光的混合模式。
- **不透明度**：设置发光的不透明度百分比。
- **模糊**：设置要进行模糊处理的地方到选区中心或选区边缘的距离。
- **中心**：选中该选项时，将创建从选区中心向外发散的发光效果。
- **边缘**：选中该选项时，将创建从选区边缘向内发散的发光效果。

图9-33、图9-34所示分别为应用"内发光"命令的前后效果。

图 9-33

图 9-34

2. 圆角

"圆角"效果可以将路径上的尖角转换为圆角。选中对象后，执行"效果"|"风格化"|"圆角"命令，在弹出的对话框中设置圆角半径，单击"确定"按钮，即可将选中对象中的尖角转换为圆角，如图9-35、图9-36所示。

图 9-35

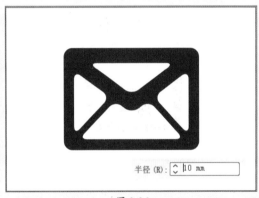

图 9-36

3. 外发光

"外发光"效果可以在对象外侧创建发光效果。执行"效果"|"风格化"|"外发光"命令，弹出"外发光"对话框，如图9-37、图9-38所示。

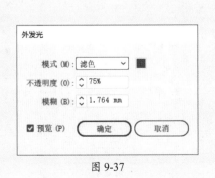

图 9-37

图 9-38

4. 投影

"投影"效果可以为选中的对象添加阴影效果。选中对象后，执行"效果"|"风格化"|"投影"命令，在弹出的对话框中可设置参数，如图9-39所示。

图 9-39

投影对话框中常用选项的功能如下。

- **模式**：设置投影的混合模式。
- **不透明度**：设置投影的不透明度，数值越小投影越透明。
- **X位移/ Y位移**：设置投影偏离对象的距离。
- **模糊**：设置要进行模糊处理的地方距离阴影边缘的距离。
- **颜色**：设置阴影的颜色。
- **暗度**：设置为投影添加的黑色深度百分比。

图9-40、图9-41所示分别为应用"投影"命令的前后效果。

图 9-40

图 9-41

5. 涂抹

"涂抹"效果可以制作出类似于彩笔涂画的效果。选中对象后，执行"效果"|"风格化"|"涂抹"命令，在弹出的对话框中可设置参数，如图9-42所示。

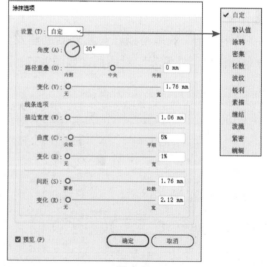

图 9-42

"涂抹选项"对话框中常用选项的功能如下。

- **设置：**选择预设的涂抹效果。可以从"设置"下拉列表中选择一种预设的涂抹效果对图形进行快速涂抹。
- **角度：**设置涂抹线条的方向。
- **路径重叠：**设置涂抹线条在路径边界内部距路径边界的量或在路径边界外部距路径边界的量。负值会将涂抹线条设置在路径边界内部，正值则将涂抹线条延伸至路径边界外部。
- **变化：**设置涂抹线条彼此之间的相对长度差异。
- **描边宽度：**设置涂抹线条的宽度。
- **曲度：**设置涂抹曲线在改变方向之前的曲度。
- **变化：**设置涂抹曲线彼此之间的相对曲度差异。
- **间距：**设置涂抹线条之间的折叠间距。
- **变化：**设置涂抹线条之间的折叠间距差异。

图9-43、图9-44所示分别为应用"涂抹"命令的前后效果。

图 9-43

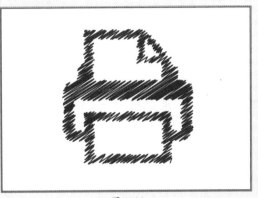

图 9-44

6. 羽化

"羽化"效果可以制作图像边缘渐隐的效果。选中对象后，执行"效果"|"风格化"|"羽化"命令，在弹出的对话框中设置羽化半径，单击"确定"按钮，即可添加羽化效果，如图9-45、图9-46所示。

图 9-45

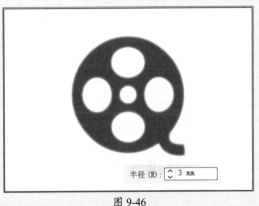

半径 (R)：3 mm

图 9-46

9.2 Photoshop效果

Photoshop中的效果是基于栅格的效果，无论何时对矢量图形应用这种效果，都将使用文档的栅格效果设置。

9.2.1 案例解析：制作油画效果

在学习Photoshop效果之前，可以跟随以下操作步骤了解并熟悉如何应用"扭曲""艺术效果""画笔描边""纹理"等命令制作油画。

步骤 01 执行"文件"|"置入"命令，在弹出的"置入"对话框中置入"风景.jpg"素材文件，如图9-47所示。

步骤 02 在"图层"面板中，将图像图层移动至"创建新图层"按钮 ⊞ 上复制图层，隐藏原图像图层，如图9-48所示。

图 9-47   图 9-48

步骤 03 执行"效果"|"扭曲"|"玻璃"命令，在"效果画廊"中选择纹理为"画布"，如图9-49所示。

图 9-49

步骤04 执行"效果"|"艺术效果"|"绘画涂抹"命令，在"效果画廊"中设置参数，效果如图9-50所示。

步骤05 执行"效果"|"画笔描边"|"成角的线条"命令，在"效果画廊"中设置参数，效果如图9-51所示。

图 9-50

图 9-51

步骤06 执行"效果"|"纹理"|"纹理化"命令，在"效果画廊"中设置参数，效果如图9-52所示。

步骤07 在"图层"面板中复制图层，如图9-53所示。

图 9-52

图 9-53

步骤08 在控制栏中单击"描摹预设"按钮，选择"3色"描摹，效果如图9-54所示。

步骤09 执行"窗口"|"透明度"命令，在"透明度"面板中设置混合模式为"叠加"，不透明度为47%，最终效果如图9-55所示。

图 9-54

图 9-55

9.2.2　效果画廊——滤镜库

Illustrator中的"效果画廊"也就是Photoshop中的滤镜库。"效果画廊"中包含了常用的六组滤镜，可以非常方便、直观地为图像添加滤镜效果。

执行"效果"|"效果画廊"命令，在"效果画廊"中有风格化、画笔描边、扭曲、素描、纹理和艺术效果等选项，每个选项中又包含多种滤镜效果。单击不同的缩略图，即可在左侧的预览框中看到应用不同滤镜后的效果，如图9-56所示。

图 9-56

9.2.3　像素化——平面艺术效果

"像素化"效果组中的效果是通过将颜色值相近的像素集结成块来清晰地定义一个选区。执行"效果"|"像素化"命令，在子菜单中有4种效果，具体如下。

- **彩色半调**：该效果可以模拟在图像的每个通道上使用放大的半调网屏的效果。对于每个通道，效果都会将图像划分为多个矩形，然后用圆形替换每个矩形。圆形的大小与矩形的亮度成比例。
- **晶格化**：该效果可以将颜色集结成块，形成多边形。
- **铜板雕刻**：该效果可以将图像转换为黑白区域的随机图案或彩色图像中完全饱和颜色的随机图案。
- **点状化**：该效果可以将图像中的颜色分解为随机分布的网点，如同点状化绘画一样，并使用背景色作为网点之间的画布区域。

图9-57、图9-58所示分别为应用"晶格化"命令的前后效果。

图 9-57

图 9-58

9.2.4　扭曲——波纹扭曲效果

　　"扭曲"效果组中的效果可以扭曲图像。执行"效果"|"扭曲"命令，在子菜单中有3种效果，执行任意一个命令，可以在"效果画廊"中设置参数，如图9-59所示。

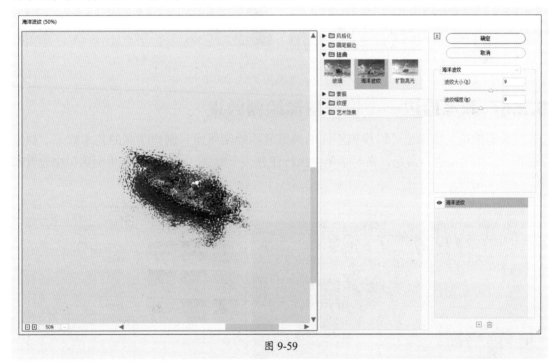
图 9-59

- **扩散亮光**：该效果可以将透明的白杂色添加到图像中，并从选区的中心向外渐隐亮光，制作出柔和的扩散滤镜的效果。
- **海洋波纹**：该效果可以将随机分隔的波纹添加到图形中，使图形看上去像是在水中。
- **玻璃**：该效果可以模拟出透过不同类型玻璃的效果。

9.2.5　模糊——淡化边界颜色

"模糊"效果组可以使图像产生一种朦胧模糊的效果。执行"效果"|"模糊"命令，在子菜单中有3种效果，具体如下。

● **径向模糊**：该效果可以模拟对镜头进行缩放或旋转而产生的柔和模糊。

● **特殊模糊**：该效果可以精确地模糊图像。

● **高斯模糊**：该效果可以快速地模糊图像。

图9-60、图9-61所示分别为应用"径向模糊"命令的前后效果。

图 9-60　　　　　　　　　　　　　　　　　图 9-61

9.2.6　画笔描边——模拟图像绘画效果

"画笔描边"效果组可以模拟不同的画笔笔刷绘制图像，制作绘画的艺术效果。执行"效果"|"画笔描边"命令，在子菜单中执行任意一个命令，可以在"效果画廊"中设置参数，如图9-62所示。

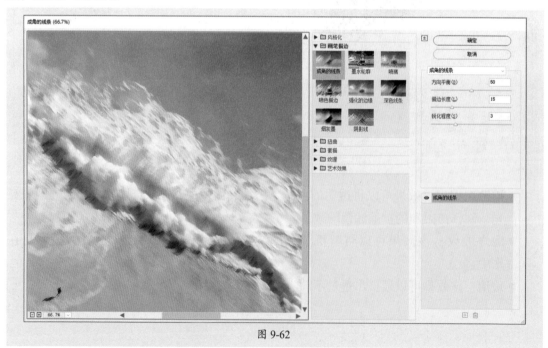

图 9-62

- **喷溅**：该效果可以模拟喷枪喷溅的效果。
- **喷色描边**：该效果可以使用图像的主导色，用成角的、喷溅的颜色线条重新绘制。
- **墨水轮廓**：该效果可以以钢笔画的风格，用纤细的线条在原细节上重绘图像。
- **强化的边缘**：该效果可以强化图像边缘。当"边缘亮度"设置较高值时，强化效果看上去像白色粉笔；当其设置较低值时，强化效果看上去像黑色油墨。
- **成角的线条**：该效果可以使用对角描边重新绘制图像，即用一个方向的线条绘制图像的亮区，用相反方向的线条绘制暗区。
- **深色线条**：该效果可以用短线条绘制图像中接近黑色的暗区，用长的白色线条绘制图像中的亮区。
- **烟灰墨**：该效果类似于日本画的风格，显示非常黑的柔化模糊边缘。
- **阴影线**：该效果可以保留原稿图像的细节和特征，同时使用模拟的铅笔阴影线添加纹理，并使图像中彩色区域的边缘变粗糙。

9.2.7 素描——模拟绘画质感效果

"素描"效果组可以重绘图像，使其呈现特殊的效果。执行"效果"|"素描"命令，在子菜单中执行任意一个命令，可以在"效果画廊"中设置参数，如图9-63所示。

图 9-63

- **便条纸**：该效果可以创建像手工制作的纸张构建的图像。
- **半调图案**：该效果可以在保持连续的色调范围的同时，模拟半调网屏的效果。
- **图章**：该效果可以简化图像，使之呈现用橡皮或木制图章盖印的样子，常用于黑白图像。

- **基底凸现**：该效果可以变换图像，使之呈现浮雕的雕刻状，突出光照下变化各异的表面。其中图像的深色区域将被处理为黑色，而较亮的颜色则被处理为白色。
- **影印**：该效果可以模拟影印图像的效果。
- **撕边**：它可以将图像重新组织为粗糙的撕碎纸片的效果，然后使用黑色和白色为图像上色。该效果对于由文本或对比度高的对象所组成的图像很有用。
- **水彩画纸**：该效果可以利用有污渍的、像画在湿润而有纹理的纸上的涂抹方式，使颜色渗出并混合。
- **炭笔**：它可以重绘图像，产生色调分离的、涂抹的效果。其中，主要边缘以粗线条绘制；而中间色调则用对角描边进行素描。
- **炭精笔**：该效果可以在图像上模拟浓黑和纯白的炭精笔纹理。
- **石膏效果**：它可以模拟出石膏的效果，其中，暗部区域呈现出凸出的效果，而亮部区域呈现出凹陷的效果。
- **粉笔和炭笔**：该效果可以重绘图像的高光和中间调，其背景为粗糙粉笔绘制的纯中间调。
- **绘图笔**：该效果可以使用纤细的线性油墨线条捕获原始图像的细节。此效果将通过用黑色代表油墨，用白色代表纸张来替换原始图像中的颜色。
- **网状**：该效果可以模拟胶片乳胶的可控收缩和扭曲来创建图像，使之在暗调区域呈结块状，在高光区域呈轻微颗粒状。
- **铬黄渐变**：该效果可以将图像处理成好像是擦亮的铬黄表面，其中，高光在反射表面上是高点，暗调是低点。

9.2.8　纹理——模拟常见材质纹理

"纹理"效果组中的效果可以使模拟具有深度感或物质感的外观，或添加一种器质外观。执行"效果"|"纹理"命令，在子菜单中执行任意一个命令，可以在"效果画廊"中设置参数，如图9-64所示。

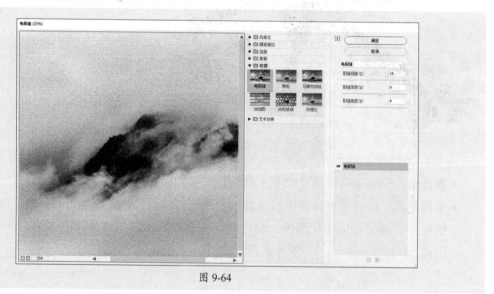

图 9-64

- **龟裂缝**：该效果可以将图像绘制在一个高处凸显的模型表面上，以循着图像等高线生成精细的网状裂缝，并创建浮雕效果。
- **颗粒**：该效果可以通过模拟不同种类的颗粒，添加图像纹理。
- **马赛克拼贴**：它可以制作出马赛克效果。
- **拼缀图**：它可以将图像分解为由若干方形图块组成的效果，区域主色决定图块颜色，并通过随机减小或增大拼贴的深度，复现高光和暗调。
- **染色玻璃**：它可以将图像重新绘制成许多相邻的单色单元格效果，边框由前景色填充。
- **纹理化**：它可以将所选择或创建的纹理应用于图像。

9.2.9　艺术效果——制作艺术纹理效果

"艺术效果"效果组可制作绘画效果或艺术效果。执行"效果"|"艺术效果"命令，在子菜单中执行任意一个命令，可在"效果画廊"中设置参数，如图9-65所示。

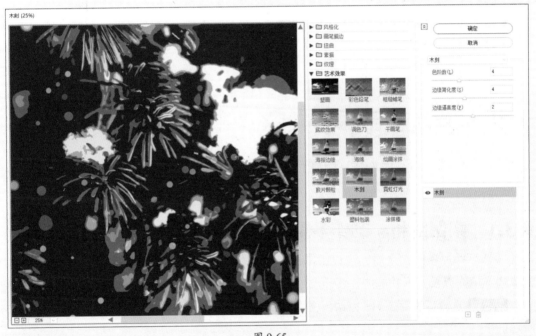

图 9-65

- **壁画**：该效果是以一种粗糙的方式，使用短而圆的描边绘制图像，使图像看上去像是草草绘制的。
- **彩色铅笔**：该效果可以使用彩色铅笔在纯色背景上绘制图像，并保留重要边缘，使外观呈粗糙阴影线。
- **粗糙蜡笔**：该效果使图像看上去好像是用彩色蜡笔在带纹理的背景上描出的。
- **底纹效果**：该效果可以在带纹理的背景上绘制图像，然后将最终图像绘制在该图像上。
- **调色刀**：该效果可以减少图像中的细节以生成描绘得很淡的画布效果，显示出其下

197

面的纹理。

- **干画笔**：该效果是使用介于油彩和水彩之间的画笔效果绘制图像边缘，其原理是通过减小颜色范围来简化图像。
- **海报边缘**：该效果是根据设置的数值减少图像中的颜色数，然后找到图像的边缘，并在边缘上绘制黑色线条。
- **海绵**：该效果是使用颜色对比强烈、纹理较重的图块创建图像，使图像看上去好像是用海绵绘制的。
- **绘画涂抹**：它是使用各种大小和类型的画笔来模拟绘画效果。
- **胶片颗粒**：该效果可以将平滑图案应用于图像的暗调色调和中间色调。
- **木刻**：该效果可以将图像描绘成好像是由从彩纸上剪下的边缘粗糙的剪纸片组成的，使高对比度的图像看起来呈剪影状，而彩色图像看上去是由几层彩纸组成的。
- **霓虹灯光**：它可以为图像中的对象添加各种不同类型的灯光效果。
- **水彩**：该效果是以水彩风格绘制图像，简化图像细节，并使用蘸了水和颜色的中号画笔绘制。边缘有显著的色调变化，会使颜色更饱满。
- **塑料包装**：该效果可以使图像如同罩了一层光亮塑料，能强调表面细节。
- **涂抹棒**：该效果可以使用短的对角描边涂抹图像的暗区以柔化图像，而亮区会变得更亮并失去细节。

9.3 外观与样式

使用"外观"和"图形样式"面板可以更改Illustrator中的任何对象、组或图层的外观。

9.3.1 案例解析：制作多重文字描边效果

在学习外观和样式之前，可以跟随以下操作步骤了解并熟悉如何使用"外观"面板中的描边、填充以及变形功能制作多重文字描边效果。

步骤 01 选择"文字工具"，输入文字，在"字符"面板中设置参数，如图9-66、图9-67所示。

图 9-66

图 9-67

步骤 02 按Shift+F6组合键，弹出"外观"面板，如图9-68所示。单击菜单按钮 ≡,在弹出的菜单中选择"添加新描边"命令。

步骤 03 设置填充颜色为（R:249、G:240、B:216），移动填充顺序，如图9-69所示。

图 9-68

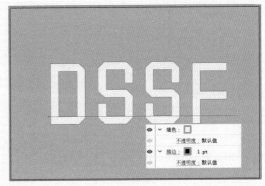

图 9-69

步骤 04 设置描边颜色为（R:178、G:201、B:165），粗细为25pt，如图9-70、图9-71所示。

图 9-70

图 9-71

步骤 05 在"外观"面板中单击"描边"选项，在弹出的菜单中设置端点为"圆头端点" ◨，边角为"圆角连接" ◨，效果如图9-72所示。

步骤 06 使用相同的方法添加新描边，设置颜色为（R:249、G:240、B:216），粗细为50pt，并设置端点和边角样式，效果如图9-73所示。

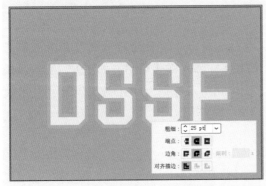

图 9-72

图 9-73

步骤 07 选择文字，按Ctrl+Shift+O组合键创建轮廓，在"外观"面板中单击"添加新效果"按钮 _fx_，在弹出的菜单中选择"变形"|"凸出"命令，在弹出的"变形选项"对话框中设置参数，如图9-74所示，效果如图9-75所示。

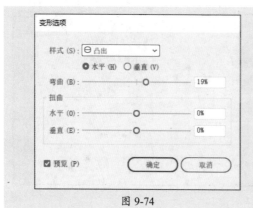

图 9-74   图 9-75

9.3.2 "图形样式"面板——快速更改对象外观

图形样式是一组可反复使用的外观属性，可以通过图形样式快速更改对象的外观。用图形样式进行的所有更改都是完全可逆的。

1. "图形样式"面板

执行"窗口"|"图形样式"命令，打开"图形样式"面板，如图9-76所示。选中对象后单击"图形样式"面板中的样式，即可应用该图形样式，如图9-77所示。

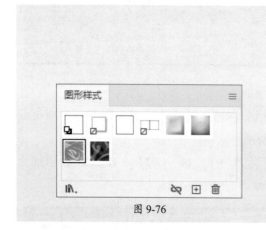

图 9-76   图 9-77

"图形样式"面板中仅展示部分图形样式，执行"窗口"|"图形样式库"命令或单击"图形样式"面板左下角的"图形样式库菜单"按钮 _m_，弹出样式菜单，如图9-78所示。任选一个选项，即可弹出该选项的面板。图9-79、图9-80所示分别为"3D效果"和"艺术效果"面板。

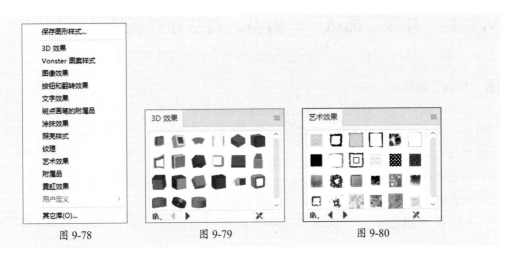

图 9-78   图 9-79   图 9-80

　　为对象添加图形样式后，对象和图形样式之间就形成了链接关系，设置对象外观时，相应的样式也会随之变化。可以单击"图形样式"面板中的"断开图形样式连接"按钮 ⌇ 断开链接，以避免这一情况。

　　若想删除"图形样式"面板中的样式，选中图形样式后单击"删除"按钮 🗑 即可。

2 新建图形样式

　　选中一个设置好外观样式的对象，如图9-81所示。单击"图形样式"面板中的"新建图形样式"按钮 ◥ ，即可创建新的图形样式，此时新建的图形样式会在"图形样式"面板中显示，如图9-82所示。

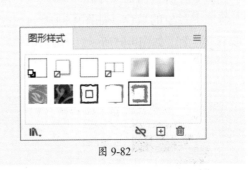

图 9-81   图 9-82

　　通过这种方式新建的图形样式，仅存在于当前文档中。可以将相应的样式保存为样式库，从而永久保存新的图形样式。

　　选中需要保存的图形样式，单击菜单按钮 ≡ ，在弹出的菜单中选择"存储图形样式库"命令，在弹出的对话框中设置名称，完成后单击"保存"按钮，即可将图形样式保存为库。在使用时，单击"图形样式库菜单"按钮 ▥ ，在弹出的菜单中选择"用户定义"命令，即可看到保存的图形样式。

9.3.3 "外观"面板——查看、调整外观属性

"外观"面板中包括选中对象的描边、填充、效果等外观属性。

1. "外观"面板

执行"窗口"|"外观"命令或按Shift+F6组合键，即可打开"外观"面板。选中对象后，该面板中将显示相应对象的外观属性，如图9-83所示。

该面板中部分选项的功能如下。

图 9-83

- **菜单** ≡：打开菜单以执行相应的命令。
- **切换可视性** ◉：切换属性或效果的显示与隐藏状态。
- **添加新描边** ▢：为选中对象添加新的描边。
- **添加新填色** ▣：为选中对象添加新的填色。
- **添加新效果** *fx.*：为选中对象添加新的效果。
- **清除外观** ◌：清除选中对象的所有外观属性与效果。
- **复制所选项目** ⊞：复制选中的属性。
- **删除所选项目** 🗑：删除选中的属性。

2. 编辑对象外观属性

通过"外观"面板，可以便捷地修改对象的现有外观属性，如对象的填色、描边、不透明度等。

1）填色

在"外观"面板中单击"填色"色块 ▨，在弹出的面板中选择合适的颜色，即可替换当前选中对象的填色，如图9-84所示。也可以按住Shift键单击"填色"色块，调出替代色彩用户界面，如图9-85所示。

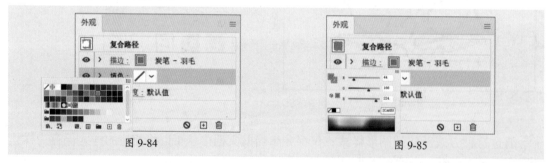

图 9-84　　　　　　　　　　　　　　　　图 9-85

2）描边

"描边"属性的修改和"填色"属性类似。通过"外观"面板，可以为对象添加多个描边和填充效果，使图形效果更加多元化。

选中对象后单击"外观"面板中的"描边"按钮 ▣，可以重新设置该描边的颜色、宽度等参数，制作出新的描边效果，如图9-86、图9-87所示。

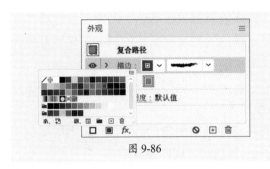

图 9-86　　　　　　　　　　　　　　　　图 9-87

　　"外观"面板中的属性具有一定的顺序，调整属性的顺序可以影响对象的显示效果。上层属性在对象中显示在上层，若将较细的描边放置在较粗的描边下方，对象中将不显示较细的描边。

3）不透明度

　　一般来说，对象的不透明度都为默认值，可以单击"不透明度"下拉列表框，打开"透明度"面板，调整对象的不透明度、混合模式等参数，如图9-88所示。在"外观"面板中也会有相应显示，如图9-89所示。

图 9-88　　　　　　　　　　　　　　　　图 9-89

　　"不透明度"属性中的16种混合模式可以将当前对象与底部对象以一种特定的方式混合，制作出特殊的图形效果。

- **正常**：默认情况下图形的混合模式为正常，即当前选择的对象不与下层对象产生混合效果。
- **变暗**：选择基色或混合色中较暗的一个作为结果色。比混合色亮的区域会被结果色所取代，比混合色暗的区域将保持不变。
- **正片叠底**：将基色与混合色混合，得到的颜色比基色和混合色都要暗。将任何颜色与黑色混合，都会产生黑色；将任何颜色与白色混合，颜色保持不变。
- **颜色加深**：加深基色以反映混合色，与白色混合则不产生变化。
- **变亮**：选择基色或混合色中较亮的一个作为结果色。比混合色暗的区域将被结果色所取代，比混合色亮的区域将保持不变。
- **滤色**：将基色与混合色的反相色混合，得到的颜色比基色和混合色都要亮。将任何颜色与黑色混合，颜色保持不变；将任何颜色与白色混合，则都会产生白色。
- **颜色减淡**：加亮基色以反映混合色，与黑色混合后不产生变化。

- **叠加：**对颜色进行过滤并提亮上层图像，具体效果取决于基色。图案或颜色叠加在现有的图形上，在与混合色混合以反映原始颜色的亮度和暗度的同时，保留基色的高光和阴影。
- **柔光：**使颜色变暗或变亮，具体取决于混合色。若上层图像比50%灰色亮，则图像变亮；若上层图像比50%灰色暗，则图像变暗。
- **强光：**对颜色进行过滤，具体取决于混合色（即当前图像的颜色）。若上层图像比50%灰色亮，则图像变亮；若上层图像比50%灰色暗，则图像变暗。
- **差值：**从基色减去混合色或从混合色减去基色，具体取决于哪一种颜色的亮度值较大。与白色混合，将反转基色值；与黑色混合，则不发生变化。
- **排除：**创建一种与"差值"模式相似但对比度更低的效果。与白色混合，将反转基色分量；与黑色混合，则不发生变化。
- **色相：**用基色的亮度和饱和度以及混合色的色相创建结果色。
- **饱和度：**用基色的亮度和色相以及混合色的饱和度创建结果色。在饱和度为0的灰度区域上应用此模式，着色不会产生变化。
- **混色：**用基色的亮度以及混合色的色相和饱和度创建结果色。这样可以保留图稿中的灰度，适用于给单色图稿上色以及给彩色图稿染色。
- **明度：**用基色的色相和饱和度以及混合色的亮度创建结果色。

4）效果

单击"外观"面板中的"添加新效果"按钮 *fx.*，在弹出的菜单中执行相应的效果命令，可为选中的对象添加新的效果，如图9-90所示。若想修改对象已添加的效果，可以在"外观"面板中单击效果的名称，打开相应的对话框进行修改。

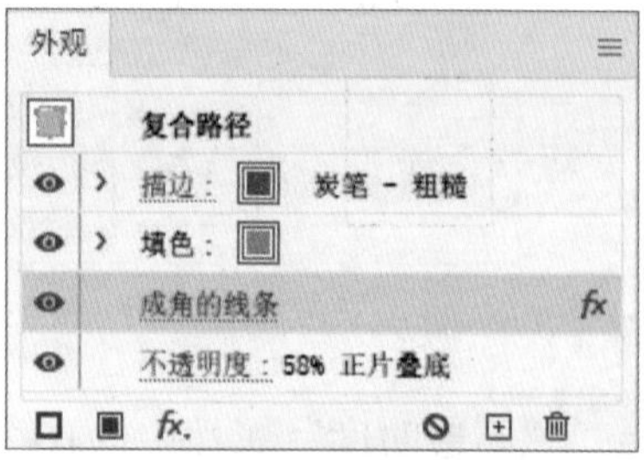

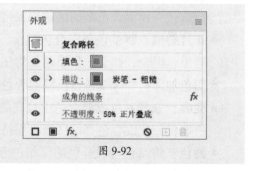

图 9-90

5）调整外观属性顺序

在"外观"面板中，用户可以调整属性的排列顺序，使选中的对象呈现出不一样的效果。选中要调整顺序的属性，按住鼠标左键拖动至合适位置，此时"外观"面板中将出现一条蓝色粗线，如图9-91所示。松开鼠标即可改变其顺序，如图9-92所示。

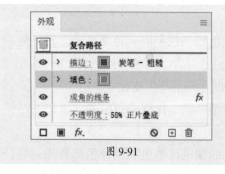

图 9-91

图 9-92

6）删除属性

选中需要删除的属性，单击"外观"面板中的"删除所选项目"按钮 🗑 即可将其删除。

课堂实战 制作繁花似锦效果

本章课堂实战练习制作繁花似锦效果，可综合练习本章的知识点，以熟练掌握和巩固 Illustrator效果的应用。下面将进行操作思路的介绍。

步骤 01 使用"星形工具"绘制星形并填充渐变，如图9-93所示。

步骤 02 复制星形后等比例缩小。选择两个星形，使用"混合工具"创建指定步数混合效果，如图9-94所示。

图 9-93

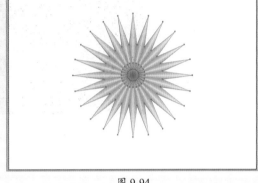

图 9-94

步骤 03 执行"效果"|"扭曲和变换"|"扭拧"命令，设置扭曲效果，如图9-95所示。

步骤 04 调整花形的渐变和大小，如图9-96所示。

图 9-95

图 9-96

学 习 心 得

课后练习 制作立体按钮效果

下面将综合使用"矩形工具""外观"面板以及效果命令制作立体按钮效果，如图9-97所示。

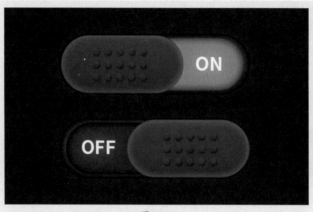

图 9-97

1. 技术要点

①使用"矩形工具"绘制圆角矩形。

②在"外观"面板中添加描边、填充、发光效果。

③使用"文字工具"输入文字。

2. 分步演示

演示步骤如图9-98所示。

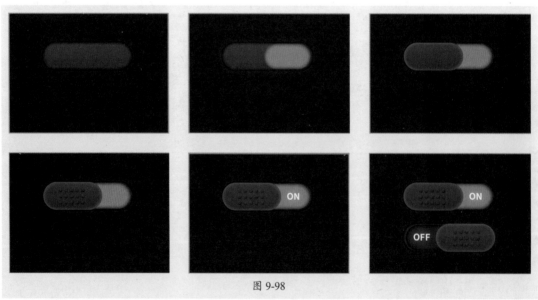

图 9-98

灯影中的艺术：中国皮影戏

皮影戏又称"影子戏"或"灯影戏"，是一种用兽皮或纸板做成的人物剪影表演故事的民间戏剧。表演时，在白色幕布后面，艺人们一边操纵影人，一边用当地流行的曲调讲述故事，同时配以打击乐器和弦乐，具有浓厚的乡土气息。

由于皮影戏在中国流传的地域广阔，在不同区域的长期演化过程中，形成了不同流派，常见的有四川皮影（见图9-99）、湖北皮影、湖南皮影、北京皮影、山东皮影（见图9-100）、山西皮影、青海皮影、宁夏皮影、陕西皮影，以及川北皮影、陇东皮影等各具特色的地方皮影。各地皮影的音乐唱腔风格与韵律都吸收了各地方戏曲、曲艺、民歌小调、音乐体系的精华，从而形成了溢彩纷呈的众多流派，有沔阳皮影戏、唐山皮影戏、冀南皮影戏、孝义皮影戏、复州皮影戏、海宁皮影戏、陆丰皮影戏、华县皮影戏、华阴老腔、阿宫腔、弦板腔、环县道情皮影戏、凌源皮影戏，等等。

图 9-99 四川皮影

图 9-100 山东皮影

中国地域广阔，各地的皮影都有自己的特色，但是皮影的制作程序大多相同，通常经过选皮、制皮、画稿、过稿、镂刻、敷彩、发汗熨平、缀结合成等八道工序，手工雕刻3000余刀，是一个复杂奇妙的过程。皮影的艺术创意中汲取了中国汉代帛画、画像石、画像砖和唐、宋寺院壁画的手法与风格。图9-101所示为陕西皮影古拓片与影件。

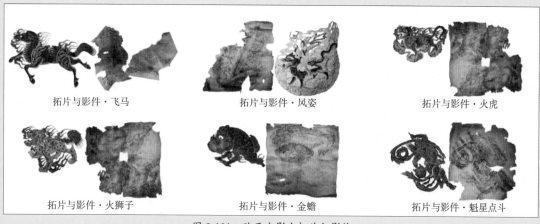

拓片与影件·飞马　　拓片与影件·风姿　　拓片与影件·火虎

拓片与影件·火狮子　　拓片与影件·金蟾　　拓片与影件·魁星点斗

图 9-101 陕西皮影古拓片与影件

第**10**章

软件联合之
CorelDRAW

内容导读

　　CorelDRAW是用于创建高质量矢量插图、徽标、页面布局和 Web 图形的直观的多功能图形应用程序。本章将对CorelDRAW软件的操作方法进行讲解，主要包括基础知识、图形的绘制与填充以及特效与效果的添加三大类内容。

思维导图

```
绘制直线和曲线                                      认识CorelDRAW工作界面

绘制几何图形                        基础知识详解         文档的创建与设置

基本填充对象颜色      图形的绘制与填充                  文本的创建与编辑

交互式填充对象颜色                                    对象的编辑应用

填充对象轮廓线                                        矢量图与位图的转换

                    软件联合之CorelDRAW

                                   特效与效果的添加      为图形添加特效

                                                      为位图添加效果
```

10.1 基础知识详解

本节将对CorelDRAW的工作界面、文档的创建与设置、文本的创建与编辑、对象的编辑应用、矢量图和位图的转换等基础知识进行讲解。

10.1.1 案例解析：描摹并调整图像

在学习CorelDRAW基础知识之前，可以跟随以下操作步骤了解并熟悉如何创建文档后置入位图，以及如何通过描摹调整将其转换为矢量图。

步骤 01 按Ctrl+N组合键，新建文档，在弹出的"创建新文档"对话框中设置参数，如图10-1所示。

步骤 02 在标准工具栏中设置缩放级别为"到页高"，效果如图10-2所示。

图 10-1

图 10-2

步骤 03 执行"文件"|"导入"命令，在弹出的"导入"对话框中选择素材文件，单击"导入"按钮，效果如图10-3所示。

步骤 04 拖动创建素材尺寸区域，释放鼠标导入素材，如图10-4所示。

图 10-3

图 10-4

209

步骤 05 选择素材，单击属性栏中的"描摹位图"按钮![]，在弹出的菜单中选择"快速描摹"选项，如图10-5所示。

步骤 06 右击鼠标，在弹出的快捷菜单中选择"取消全部组合"命令，此时，"对象"泊坞窗中显示所有路径图层，如图10-6所示。

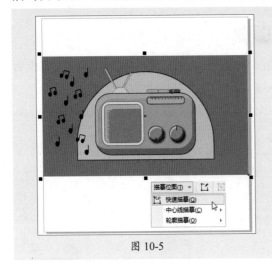

图 10-5

图 10-6

步骤 07 删除背景和装饰图层，如图10-7所示。

步骤 08 选择图形，按住Shift键等比例放大，如图10-8所示。

图 10-7

图 10-8

步骤 09 按Ctrl+S组合键，保存文档并重命名为"收音机"。按Ctrl+E组合键，导出文件为PNG格式，如图10-9所示。

图 10-9

10.1.2 认识CorelDRAW工作界面

在桌面上双击CorelDRAW图标启动程序，打开任意文档即可进入CorelDRAW的工作界面。该界面包含菜单栏、标准工具栏、属性栏、工具箱、绘图区、泊坞窗、调色板以及状态栏，等等，如图10-10所示。

图 10-10

CorelDRAW工作界面中的重要选项的功能介绍如下。

- **菜单栏**：菜单栏中的各个菜单控制并管理界面的状态，提供处理图像的功能。单击相应的主菜单，即可打开子菜单，在子菜单中单击某一项菜单命令即可执行该操作。
- **标准工具栏**：主要提供对文件的操作和一些常用命令的快捷按钮。它可以简化操作步骤，提高工作效率。
- **属性栏**：根据选择工具的不同，属性栏中显示的选项也有所不同。
- **工具箱**：CorelDRAW中的绘图工具都在工具箱中。带有右下箭头的工具表示一个工具组，长按工具按钮不放，即可显示工具组中的全部工具。
- **绘图区**：用于图像的绘制和编辑的区域。
- **泊坞窗**：也称"面板"，提供编辑对象时用到的一些功能。执行"窗口"|"泊坞窗"命令，在子菜单中可选择要打开的泊坞窗。
- **默认调色板**：在调色板中可以方便快速地设置轮廓和填充颜色。
- **文档调色板**：新建文档时自动生成空白文档调色板。在绘图中使用一种颜色时，该颜色会自动添加到文档调色板中。
- **状态栏**：显示当前选择对象的有关信息，如对象的轮廓、填充颜色、对象所在图层等。

10.1.3 文档的创建与设置

在欢迎屏幕界面中单击"新建"按钮 + ，或执行"文件"|"新建"命令（Ctrl+N组合键），弹出"创建新文档"对话框，在该对话框中可以设置常规、尺度参数，如图10-11所示，单击OK按钮即可新建文档。

图 10-11

1. "常规"选项组

- **名称：** 用于设置当前文档的名称。
- **预设：** 在该下拉列表中可选择CorelDRAW内置的预设类型，如CorelDRAW默认、Web、默认RGB以及自定义。单击···按钮，在弹出的菜单中可以保存或删除预设。
- **页码数：** 设置新建文档页数。

2. "尺度"选项组

- **页面大小：** 在该下拉列表中可选择常用的尺寸，如A4、A3、名片、网页等。
- **宽度/高度：** 设置文档的宽度和高度，在"宽度"数值框后面的下拉列表中可设置单位。
- **方向：** 可选择纵向或横向排列。

操作提示

在标准工具栏中单击"新建"按钮 ，也可新建文档。

文档编辑完成后，执行"文件"|"保存"命令，在弹出的"保存绘图"对话框中可选择目标路径、参数，单击"保存"按钮，如图10-12所示。对于已经保存过的文档，可执行"文件"|"存储为"命令或按Ctrl+Shift+S组合键，在弹出的对话框中重新设置参数。

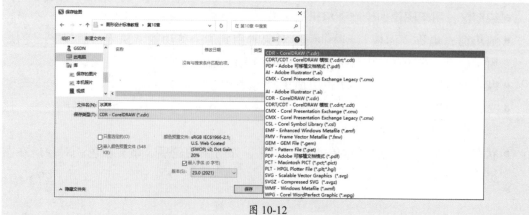

图 10-12

10.1.4 文本的创建与编辑

使用"文本工具"在绘制或编辑图形时添加文字，可以增加图像的层次，使图像内容更丰富。选择"文本工具"**字**，显示该工具的属性栏，如图10-13所示。

图 10-13

▌. 创建文本

使用"文本工具"可以创建两种类型的文本：美术字和段落文本。

1）美术字

选择"文本工具"，在属性栏中设置字体、字号等参数，在任意位置单击输入文字，如图10-14所示。使用"挑选工具"选择文本后右击鼠标，在弹出的快捷菜单中选择"转换为曲线"命令或按Ctrl+O组合键。使用"形状工具" **╲**，编辑文字形状，可以防止转存时因缺少字体而导致的字体改变或乱码的现象，如图10-15所示。

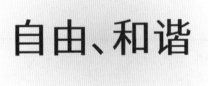

图 10-14

图 10-15

2）段落文本

段落文本又称块文本，适用于在文字量较多的情况下对文本进行编辑。

选择"文本工具"，单击并拖曳出一个文本框，如图10-16所示。直接输入文字或粘贴文字。按Ctrl+A组合键全选文字，在属性栏中设置参数，效果如图10-17所示。

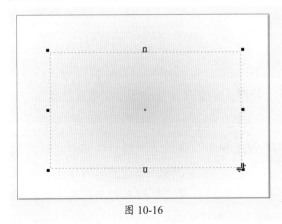

图 10-16

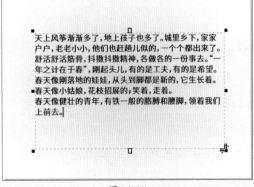

图 10-17

操作提示

若文本框变为红色，说明有溢流文本，拖动文本框调整大小，可显示全部文本。

2. 编辑文本格式

选中文本后，在属性栏中单击"文本"按钮，弹出"文本"泊坞窗。在"字符"属性中可以设置基础字体样式、大小、字间距、文本颜色、文本背景颜色、轮廓色，等等，如图10-18、图10-19所示。

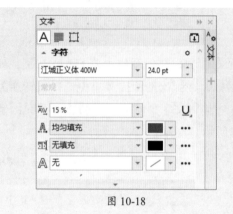

图 10-18　　　　　　　　　　　图 10-19

选中文本后，在"文本"泊坞窗中单击"段落"按钮，可以设置基础文本的对齐方式、行间距、首行缩进、左右缩进以及段前段后间距，如图10-20、图10-21所示。

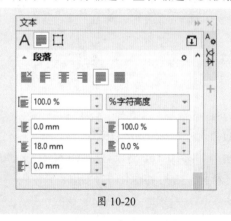
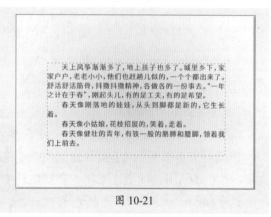

图 10-20　　　　　　　　　　　图 10-21

10.1.5　对象的编辑应用

对于对象的编辑应用，可以从选择、变换、管理、造型以及编辑五个方面进行操作。

1. 选择

使用"选择工具"，可以选择对象；按住Alt键单击，可以选择对象后面的对象，如图10-22所示；按住Ctrl键单击，可选择群组中的一个对象。按住Shift键的同时单击，可以选择多个对象；在对象周围拖动，可以形成一个选取框。若要选择所有对象，在工具箱中双击"选择工具"即可，被锁定的图层不可选择，如图10-23所示。

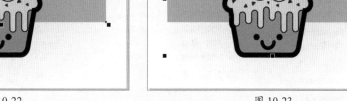

图 10-22　　　　　　　　　　　　图 10-23

2. 变换

使用"选择工具"选择对象后，可进行移动、缩放、延展、旋转、倾斜等操作，具体方法如下。

- **移动：** 选择对象后，光标变为✛状，按住Ctrl键可水平、垂直移动。
- **缩放：** 选择对象后，将光标放至某个角可调整图柄 ↗ 大小，按住Shift键可从中心等比例缩放。
- **延展：** 选择对象后，将光标放至中点 ▮ 处拖动延展。上下延展图柄用于垂直方法延展对象，左右延展图柄用于水平方向延展选定内容，按住Shift键可从中心进行延展。
- **旋转：** 双击旋转对象，可直接在属性栏中设置旋转参数；或者拖动旋转手柄旋转任意角度，按住Ctrl键时会以15°增量旋转。
- **倾斜：** 双击旋转对象，拖动倾斜手柄可上下、左右拖动任意角度，按住Ctrl键时会以15°增量倾斜。

操作提示

选择"自由变换工具" ⁺ₒ，在属性栏中可选择"自由旋转" ○、"自由角度反射" ⏍ 、"自由缩放" ⊡ 以及"自由倾斜" ⊡ 模式进行变换调整。

3. 管理

管理对象可以让绘图操作更加顺畅，为后期的修改提供便利。管理对象的方法包括调整对象顺序、设置"对象"泊坞窗、对齐与分布等。

1）调整对象顺序

对象的上下顺序影响着画面的最终呈现效果。执行"对象"|"顺序"命令，或右击鼠标，在弹出的快捷菜单中选择相应的命令即可调整对象顺序，如图10-24所示。

2）设置"对象"泊坞窗

"对象"泊坞窗主要用来管理和控制图形对象。执行"窗口"|"泊坞窗"|"对象"命令，弹出"对象"泊坞窗，如图10-25所示。

图 10-24   图 10-25

3）对齐与分布

对齐与分布可以将两个及以上的多个对象均匀地排列。选择多个图形对象，执行"对象"|"对齐和分布"命令，弹出"对齐与分布"泊坞窗，如图10-26所示。

该泊坞窗中的部分选项介绍如下。

● **对齐组按钮**：依次是"左对齐" ⊡ 、"水平居中对齐" ⊡ 、"右对齐" ⊡ 、"顶端对齐" ⊡ 、"垂直居中对齐" ⊡ 和"底端对齐" ⊡ 。

图 10-26

　● **对齐–选定对象** ⊡：与上一个选定的对象对齐。

　● **对齐–页面边缘** ⊡：与页面边缘对齐。

　● **对齐–页面中心** ⊡：与页面中心对齐。

　● **对齐–网格** ⊞：与网格对齐。

　● **对齐–指定点** ⊡：与指定参考点对齐。可手动拖动调整X、Y值，也可直接设置指定参考点的X、Y值。

　● **分布组按钮**：依次是"左分散排列" ⊡ 、"水平分散排列中心" ⊡ 、"右分散排列" ⊡ 、"水平分散排列间距" ⊡ 、"顶部分散排列" ⊡ 、"垂直分散排列中心" ⊡ 、"底部分散排列" ⊡ 以及"垂直分散排列间距" ⊡ 。

　● **分布至–选定对象** ⊡：将对象分布排列在包围这些对象的边框内。

　● **分布至–页面边缘** ⊟：将对象分布排列在整个页面上。

　● **分布至–对象间距** ▭：按指定间距值排列对象。

4. 造型

对象的造型可以将多个图形进行融合、交叉或改造，从而生成新的对象。选择两个及其以上的对象，在属性栏中激活造型按钮，如图10-27所示。

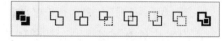

图 10-27

属性栏中的第一个造型按钮为"合并"按钮，它可以将两个或多个对象合成为一个新的具有其中一个对象属性的整体。选择两个图形对象，单击属性栏中的"合并"按钮 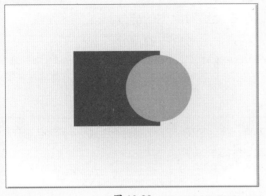，合并后的对象具有相同的轮廓和填充属性，如图10-28、图10-29所示。

图 10-28

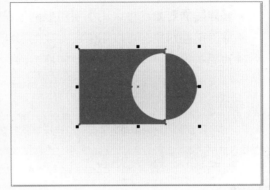

图 10-29

在属性栏中单击"拆分"按钮 品，或右击鼠标，在弹出的快捷菜单中选择"拆分曲线"命令，可以将合并的图形拆分为多个对象和路径，如图10-30、图10-31所示。

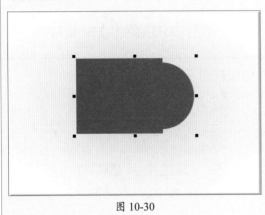

图 10-30

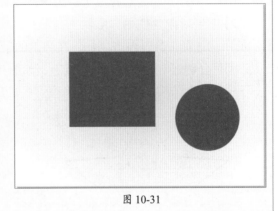

图 10-31

也可以执行"窗口"|"泊坞窗"|"形状"命令，在该泊坞窗的下拉列表中提供了7种造型选项，在窗口中可预览造型效果，如图10-32所示。

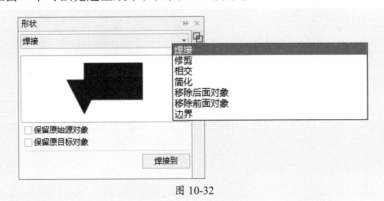

图 10-32

217

- **焊接：** 将两个或多个对象合为一个对象。
- **修剪：** 使用一个对象的形状去修剪另一个对象的形状，在修剪过程中仅删除两个对象重叠的部分，但不改变对象的填充和轮廓属性。
- **相交：** 用两个对象的重叠相交区域创建对象。
- **简化：** 可以对两个对象的重叠区域进行修剪。
- **移除后面对象：** 可以用下层对象的形状，减去上层对象中的部分。
- **移除前面对象：** 可以用下层对象的形状，减去上层对象中的部分。
- **边界：** 可以快速将图形对象转换为闭合的形状路径。

操作提示

　　若在"形状"泊坞窗中勾选"保留原目标对象"复选框，则会在原有图形的基础上生成一个相同的形状路径；使用"选择工具"移动图形，即可让形状路径单独显示。

5. 编辑

使用形状工具组、裁剪工具组中的工具可以对对象的形态进行编辑操作。

1）形状工具

"形状工具"可以通过控制节点编辑曲线对象或文本字符。

选中图形对象，使用"形状工具" 拖动节点，可整体调整对象状态，如图10-33所示。使用"选择工具"左击鼠标，在弹出的菜单中选择"转换为曲线"命令，使用"形状工具" 可分别拖动节点调整显示状态，如图10-34所示。

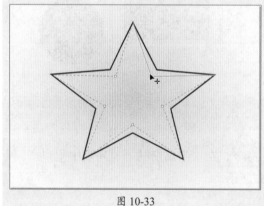

图 10-33

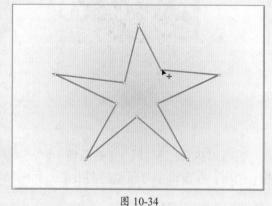

图 10-34

2）平滑工具

使用"平滑工具"沿对象轮廓拖动，可使对象变得平滑。

长按"形状工具"，在其子工具列表中选择"平滑工具" 。选中图形对象，按住鼠标左键在图形边缘处进行涂抹，可使图像变得平滑，如图10-35、图10-36所示。

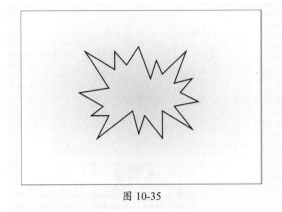
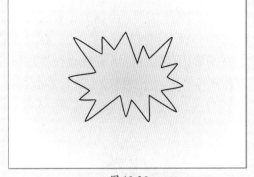

图 10-35　　　　　　　　　　　　　　　　　图 10-36

3）涂抹工具

使用"涂抹工具"沿对象轮廓拖动，可改变其边缘。

选择"涂抹工具"，在属性栏中设置笔尖大小以及涂抹压力，单击"平滑涂抹"按钮，涂抹效果如图10-37所示；单击"尖状涂抹"按钮，涂抹效果如图10-38所示。

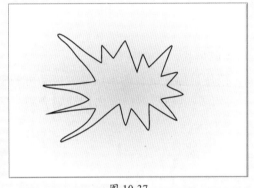
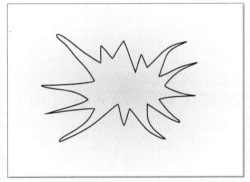

图 10-37　　　　　　　　　　　　　　　　　图 10-38

4）转动工具

使用"转动工具"沿对象轮廓拖动，可添加转动效果。

选择"转动工具"，在属性栏中设置笔尖半径和速度，单击"顺时针转动"按钮，单击对象边缘，按住鼠标图形发生转动，按住鼠标的时间越长，变形效果越强烈。释放鼠标结束变形，如图10-39所示。单击"逆时针转动"按钮，转动效果如图10-40所示。

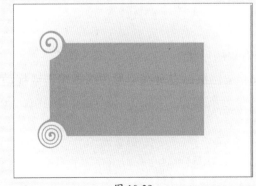
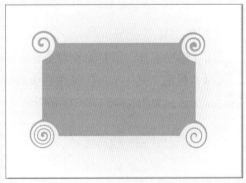

图 10-39　　　　　　　　　　　　　　　　　图 10-40

5）吸引和排斥工具

"吸引和排斥工具"可以通过吸引或推开节点调整图形形状。

选择"吸引和排斥工具" 📭，在属性栏中选择"吸引工具" 📭，设置笔尖半径和速度，在图形内部或外部靠近边缘处按住鼠标左键或拖动，可调整边缘形状，如图10-41所示。在属性栏中选择"排斥工具" 📭的调整效果如图10-42所示。

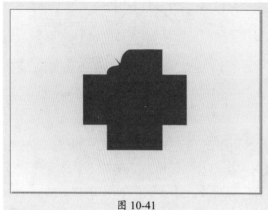

图 10-41   图 10-42

6）弄脏工具（沾染工具）

使用"弄脏工具"沿对象轮廓拖动，可改变对象的形状。

选择"弄脏工具" 💧，在属性栏中设置参数，按住鼠标左键在图形边缘处拖动可调整图形形状。在图像边缘往外拖动可增加图形区域，如图10-43所示；向内拖动则会减少区域，如图10-44所示。

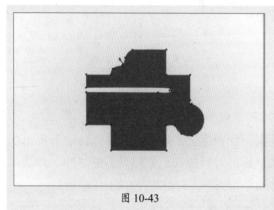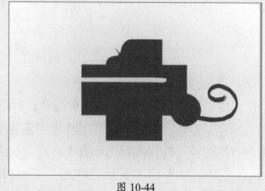

图 10-43   图 10-44

7）粗糙工具

使用"粗糙工具"沿对象轮廓拖动，可改变对象的形状。

选择"粗糙工具" 🖌，在属性栏中设置参数，按住鼠标左键在图形边缘处单击或拖动可使轮廓变形，如图10-45、图10-46所示。

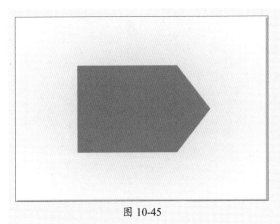

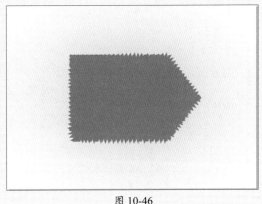

图 10-45   图 10-46

8）裁剪工具

"裁剪工具"可以将图片中不需要的部分删除，同时保留需要的图像区域。

选择"裁剪工具" ，在图形中单击并拖动会出现裁剪控制框。此时框选部分为保留区域，颜色呈正常显示；框外的部分为裁剪掉的区域，颜色呈反色显示。单击裁剪框可自定义旋转，如图10-47所示。单击 ✓ 按钮或按Enter键完成裁剪，得到的效果如图10-48所示。

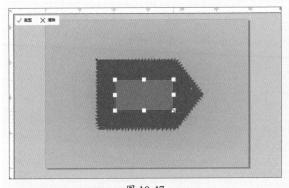

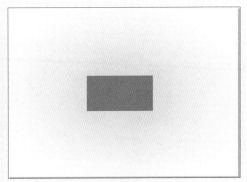

图 10-47   图 10-48

9）刻刀工具

"刻刀工具"可以直接使用间隙或使用重叠切割对象，将其拆分为多个独立对象。选择"刻刀工具" ，该工具的属性栏如图10-49所示。

图 10-49

该属性栏中的主要选项介绍如下。

- **2点线模式：**沿直线切割对象。
- **手绘模式：**沿手绘曲线切割对象。
- **贝塞尔模式：**沿贝塞尔曲线切割对象。
- **剪切时自动闭合 ：**闭合切割对象形成的路径。

在图像的边缘位置单击并拖动鼠标至图形的另一个边缘位置，如图10-50所示。释放鼠标，即可将图形分为两个部分，使用"选择工具"可移动图形，如图10-51所示。

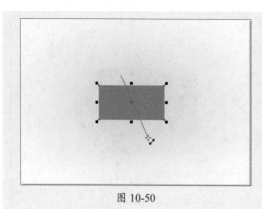

图 10-50

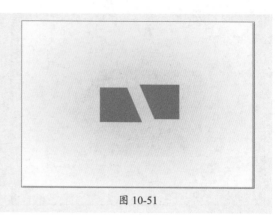

图 10-51

10）橡皮擦工具

"橡皮擦工具"可以快速移除绘图中不需要的区域。

选择"橡皮擦工具" █，在属性栏中设置橡皮擦形状——圆形或方形。在橡皮擦厚度数值框 ⊖ 中可调整橡皮擦擦头的大小。在图形中需要擦除的部分单击并拖动鼠标，如图10-52所示，释放鼠标即可擦除相应的区域。若擦除部分的路径受到影响，会自动闭合生成子路径，并转换为曲线对象，如图10-53所示。

图 10-52

图 10-53

操作提示

"橡皮擦工具"不能擦除群组对象以及曲线对象。

10.2　图形的绘制与填充

本节主要对图形绘制和填充的相关内容进行讲解。通过不同的工具，可以绘制直线、曲线、几何图形等并进行填充及描边。

10.2.1　案例解析：绘制吉他效果图案

在学习图形绘制与填充之前，可以跟随以下操作步骤了解并熟悉如何使用绘图工具和填充、描边工具绘制吉他效果图案。

步骤 01 新建一个800px×800px大小的文档，选择"贝塞尔工具"绘制路径，如图10-54所示。

步骤 02 选择路径，在"属性"面板中单击"轮廓"按钮，设置参数，如图10-55所示。

图 10-54

图 10-55

步骤 03 效果如图10-56所示。

步骤 04 单击"填充"按钮，设置填充参数，如图10-57所示。

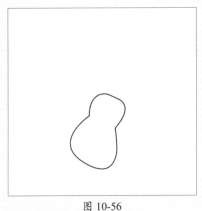

图 10-56

图 10-57

步骤 05 效果如图10-58所示。

步骤 06 按Ctrl+C组合键复制图形，按Ctrl+V组合键粘贴图形，移动位置后更改填充颜色为(R:225、G:110、B:53)，如图10-59所示。

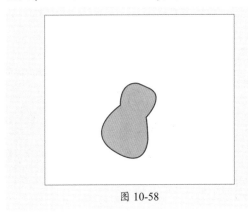

图 10-58

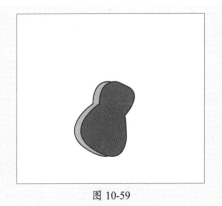

图 10-59

步骤 07 右击鼠标，在弹出的快捷菜单中选择"顺序"|"向后一层"命令，效果如图10-60所示。

步骤 08 选择"形状工具"，调整路径，如图10-61所示。

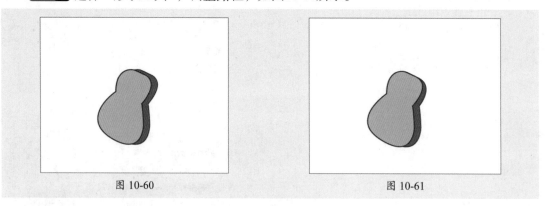

图 10-60   图 10-61

步骤 09 选择"折线工具"，绘制路径，如图10-62所示。

步骤 10 选择"属性吸管工具"，取样橙色，在新绘制的路径上单击进行填充，如图10-63所示。

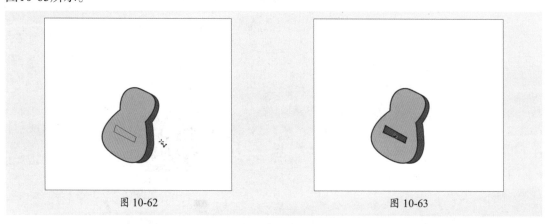

图 10-62   图 10-63

步骤 11 选择"2点线工具"，绘制直线，设置轮廓宽度为3px，复制并移动直线5次，如图10-64所示。

步骤 12 选择"椭圆工具"，按住Ctrl键绘制正圆，填充白色，轮廓宽度设置为4px，在"对象"泊坞窗中调整正圆的图层顺序，效果如图10-65所示。

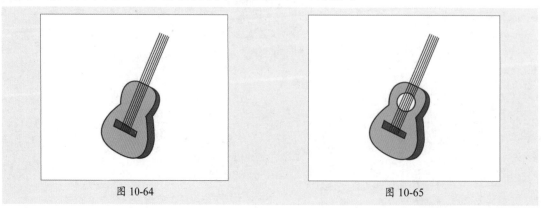

图 10-64   图 10-65

步骤 13 选择"钢笔工具"，绘制路径并填充颜色，如图10-66所示。

步骤 14 选择"椭圆工具"，绘制椭圆并填充颜色（轮廓宽度为2px），复制椭圆3次，如图10-67所示。

图 10-66

图 10-67

步骤 15 选择"钢笔工具"，绘制路径并填充轮廓线，效果如图10-68所示。

步骤 16 选择"2点线工具"，绘制路径并填充颜色，调整图层顺序，效果如图10-69所示。

图 10-68

图 10-69

10.2.2 绘制直线和曲线

线条的绘制是图形绘制的基础，主要包括直线的绘制和曲线的绘制。

1. 手绘工具

"手绘工具"可以绘制直线与曲线。

选择"手绘工具" 或按F5键，在属性栏中可以设置相应参数。在起点处单击鼠标，光标变为 形状，拖动至目标点后再次单击鼠标，即可绘制一条直线，如图10-70所示。按住Ctrl键，可画水平、垂直及15°倍数的直线。单击并拖动鼠标可绘制任意曲线，释放鼠标会自动去掉绘制过程中的不光滑曲线，将其调整为光滑的曲线，效果如图10-71所示。

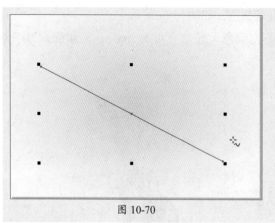

图 10-70

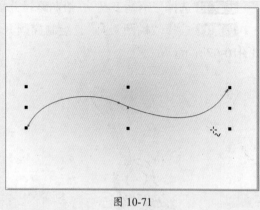

图 10-71

操作提示

在使用"手绘工具"绘制图形时，按住Shift键的同时反向拖动可擦除图形，释放鼠标即完成擦除，如图10-72、图10-73所示。

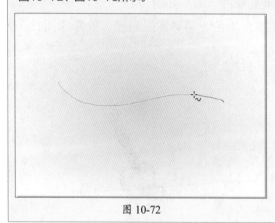

图 10-72

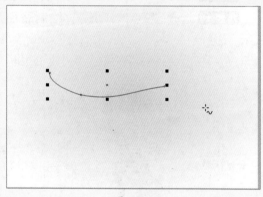

图 10-73

2. 2点线工具

"2点线工具"可以快速地绘制出相切的直线和相互垂直的直线。

长按"手绘工具" 𝄖，在弹出的工具列表中选择"2点线工具" ，属性栏中会出现三种模式，单击相应的按钮即可进行切换，如图10-74所示。

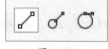

图 10-74

选择"2点线工具" ，按住鼠标左键拖动，释放鼠标即可绘制一条水平直线。在属性栏中单击"垂直2点线"按钮，按住鼠标左键拖动，即可绘制一条垂直直线，如图10-75所示。

在绘制其他形状后，选择"2点线工具"，在属性栏中单击"相切的2点线"按钮，按住鼠标在边缘处拖动，可绘制一条与现有对象相切的2点线，如图10-76所示。

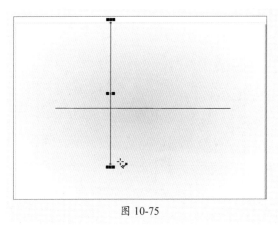

图 10-75

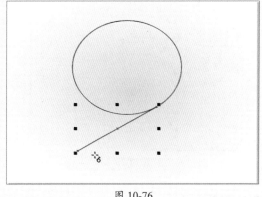

图 10-76

3. 贝塞尔工具

"贝塞尔工具"可以相对精确地绘制直线，同时还能对曲线上的节点进行拖动，实现一边绘制曲线，一边调整曲线圆滑度的操作。

选择"贝塞尔工具"，在不同位置单击即可绘制直线段，如图10-77所示。若要绘制曲线，单击确定节点位置后，拖动控制手柄定义曲线弧度即可，如图10-78所示。在绘制曲线后，双击节点可继续绘制直线段。

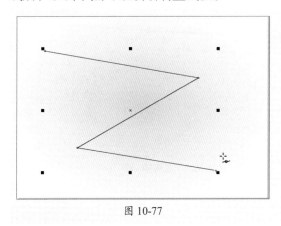

图 10-77

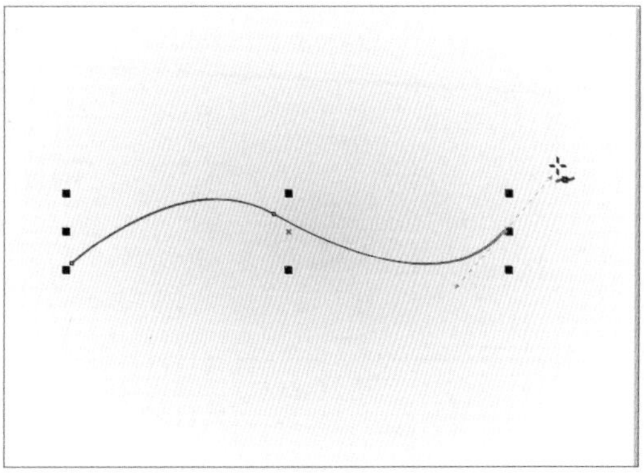

图 10-78

> **操作提示**
>
> 按住Ctrl键可限制曲线弧度增量为15°，按空格键结束绘制。

4. 钢笔工具

"钢笔工具"是一款功能强大的绘图工具，每画一条线段时都可预览。

选择"钢笔工具"，在不同位置单击即可绘制直线段，如图10-79所示。双击节点完成绘制，在线段中点处单击可添加节点，单击节点则删除该节点。在按住左键的同时拖动鼠标，绘制的则为曲线，如图10-80所示。

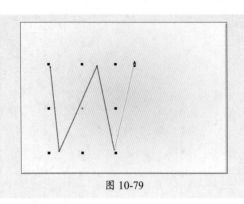

图 10-79

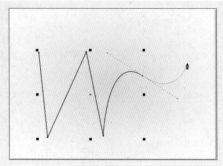

图 10-80

5. B样条工具

"B样条工具"可通过调整节点的方式绘制曲线路径，其控制点和控制点间形成的夹角度数会影响曲线的弧度。

选择"B样条工具"，在画面上单击确定起点后继续单击，可看到线条外的蓝色控制框对曲线进行了相应的限制，如图10-81所示；双击节点结束绘制，蓝色控制框自动隐蔽。

若要更改线条的形状，可选择"形状工具"，拖动节点调整线条形状。双击线条，可添加节点；若双击节点，则删除该节点，如图10-82所示。

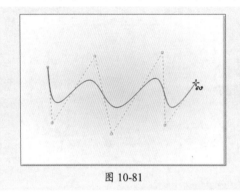

图 10-81

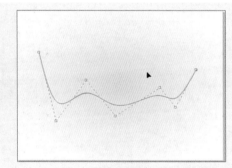

图 10-82

6. 折线工具

"折线工具"可以绘制直线和曲线。

选择"折线工具"，在不同位置单击即可绘制直线段，如图10-83所示。按住鼠标左键拖动可绘制曲线的效果如图10-84所示，双击结束线条绘制。

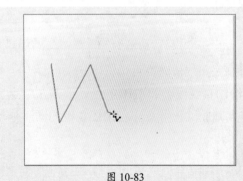

图 10-83

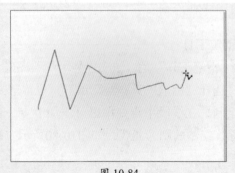

图 10-84

7. 3点曲线工具

"3点曲线工具"在绘制多种弧形或近似圆弧等曲线时,可以任意调整曲线的位置和弧度。

选择"3点曲线工具" 🖧,按住鼠标左键拖动确定曲线的终点,如图10-85所示;松开鼠标,在要作为曲线中心的位置单击以定义曲线的中心点,如图10-86所示。按住Ctrl键可绘制圆形曲线,按住Shift键可绘制对称曲线。

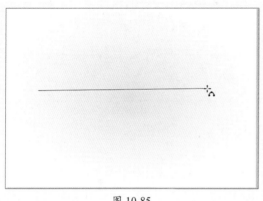

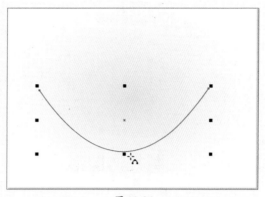

图 10-85   图 10-86

8. 艺术笔工具

"艺术笔工具"可以绘制不同的笔触效果。选择"艺术笔工具" ℓ,在属性栏中选择不同的绘制模式,设置选项也发生相应变化。

1)预设

单击"预设"模式按钮 🖂,选择预设笔触绘制曲线,如图10-87所示。若想调整曲线的形状,可选择"形状工具",拖动节点进行调整即可。

图 10-87

2)笔刷

单击"笔刷"模式按钮 🖊,选择笔刷绘制曲线。

3)喷涂

单击"喷涂"模式按钮 🖿,选择喷涂图样绘制路径描边。

4)书法

单击"书法"模式按钮 🖋,选择书法笔触绘制曲线。

5)表达式

单击"表达式"模式按钮 🖋,在绘制曲线时可设置笔触压力、倾斜和方位参数。

9. 智能绘图工具

"智能绘图工具"能对手绘出来的不规则、不准确的线条和图形进行智能调整。

长按"艺术笔工具",在弹出的工具列表中选择"智能绘图工具" ⚖。

按住左键拖动绘制线条或图形，释放鼠标，会自动将手绘笔触转换为基本形状或平滑曲线，如图10-88、图10-89所示。在绘制时按住Shift键，可反方向擦除图形。

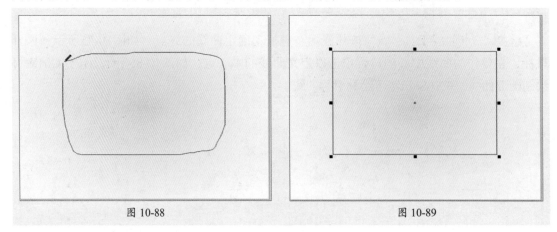

图 10-88　　　　　　　　　　　　　　图 10-89

10.2.3　绘制几何图形

使用矩形工具、椭圆工具、多边形工具、星形工具、图纸工具、螺纹工具、常见的形状工具等几何类绘制工具可绘制各种图形。

1. 矩形工具组

矩形工具组包括"矩形工具"和"3点矩形工具"两种，使用这两种工具可以绘制矩形、正方形、圆角矩形和倒菱角矩形。

1）矩形工具

选择"矩形工具"□，单击并拖动鼠标可绘制任意大小的矩形，如图10-90所示。按住Ctrl键的同时单击并拖动鼠标可绘制正方形，如图10-91所示。

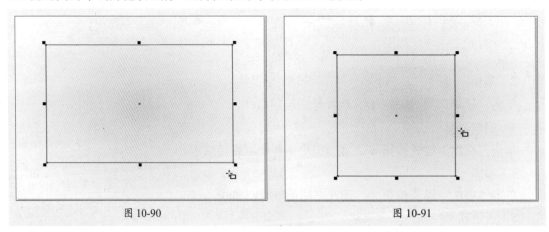

图 10-90　　　　　　　　　　　　　　图 10-91

在属性栏中设置圆角半径后，单击转角模式按钮，即可生成不同形状效果。

- **圆角** □：当转角半径值大于0时，将矩形的转角变为弧形，如图10-92所示。
- **扇形角** □：当转角半径值大于0时，将矩形的转角变为弧形凹凸，如图10-93所示。
- **倒菱角** □：当转角半径值大于0时，将矩形的转角变为直边，如图10-94所示。

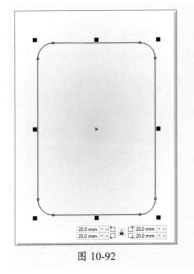
图 10-92

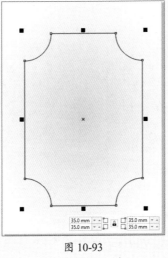
图 10-93

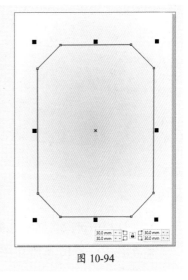
图 10-94

2）3点矩形工具

长按"矩形工具"，在弹出的工具列表中选择"3点矩形工具"，在属性栏中设置参数后，拖动确定矩形宽度，如图10-95所示。上下拖动确定高度，如图10-96所示，释放鼠标即生成矩形。

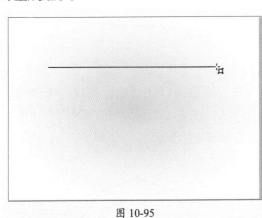
图 10-95

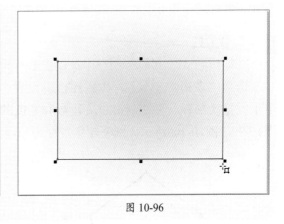
图 10-96

操作提示

按住Ctrl键，基线角度可15°倍增。在属性栏中单击"相对角缩放"按钮，缩放时圆角半径可保持不变。

2. 椭圆工具组

椭圆工具组包括"椭圆工具"和"3点椭圆工具"两种，使用这两种工具可以绘制出椭圆形、正圆形、饼形和弧形。

1）椭圆工具

选择"椭圆工具"○，单击并拖动鼠标绘制任意大小的椭圆形，如图10-97所示。按住Shift键，可从中心进行绘制；按住Ctrl键，可绘制正圆形，如图10-98所示。

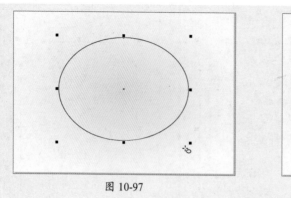

图 10-97

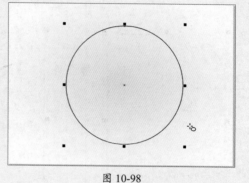

图 10-98

在属性栏中可以将椭圆形更改为饼形、弧形。

- **饼形** ◔：单击该按钮绘制饼形。单击"更改方向"按钮 ◔，会变成缺失方形的图形。

- **弧形** ◔：单击该按钮，图形变为弧形。

2）3点椭圆工具

"3点椭圆工具"和"3点矩形工具"操作相同。

选择"3点椭圆工具" ◔，在属性栏中设置参数后，拖动确定椭圆宽度，上下拖动确定高度，释放鼠标即可生成椭圆、饼形、弧形。

3. 多边形工具

"多边形工具"可以绘制三个及以上的不同边数的多边形。

选择"多边形工具"，在属性栏中设置"点数或边数"以及"轮廓宽度"等参数，单击并拖动鼠标，可绘制出相应边数和宽度的多边形，按住Ctrl键，可绘制等边多边形。图10-99、图10-100所示分别为轮廓宽度为8px的五边形和十边形。

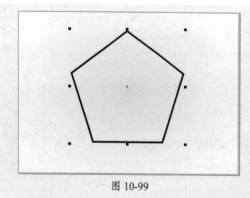

图 10-99

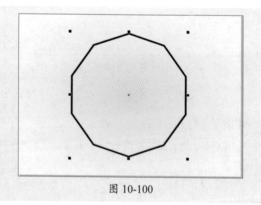

图 10-100

4. 星形工具

"星形工具"可以快速绘制出星形和复杂星形效果。

1）星形

选择"星形工具" ☆，拖动即可绘制星形，按住Ctrl键可绘制等边完美星形，如图10-101所示。在属性栏中设置"点数或边数"和"锐度数"数值，可调整星形的边数以及角锐度，如图10-102所示。

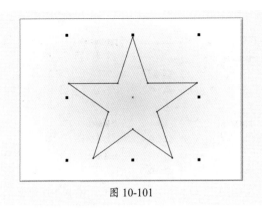

图 10-101

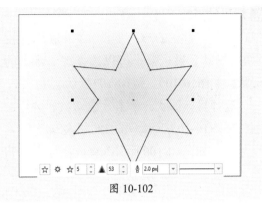

图 10-102

2）复杂星形

"复杂星形工具"是"星形工具"的升级应用。选择"复杂星形工具" ✿，拖动绘制复杂星形，如图10-103所示。在属性栏中可设置参数，调整复杂星形的边数、角锐度等。

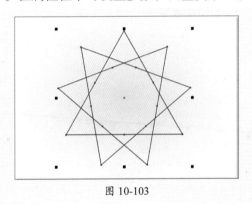

图 10-103

5. 螺纹工具

螺纹工具可以绘制螺旋线。

选择"螺纹工具" ◎，在"螺纹回圈"数值框 ◎中设置要显示完整圆形的圈数。单击"对称式螺纹"按钮 ◎，可拖动绘制均匀回圈的螺旋线，如图10-104所示。单击"对数式螺纹"按钮 ◎，可拖动绘制更紧凑的回圈间距的螺旋线，如图10-105所示。

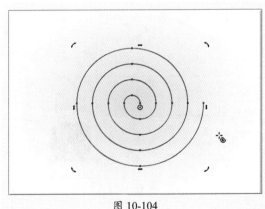

图 10-104

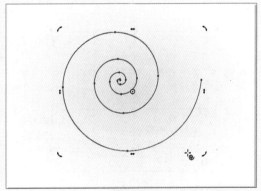

图 10-105

6. 常见的形状工具

选择"常见的形状工具" ，在属性栏"常用形状"挑选器中可以选择想要绘制的形状，如图10-106、图10-107所示。

选择目标形状，单击并拖动鼠标进行绘制，如图10-108所示。按住红色轮廓沟槽调整形状，如图10-109所示。释放鼠标完成调整，如图10-110所示。

图 10-106

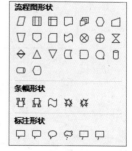

图 10-107

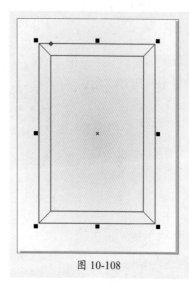

图 10-108

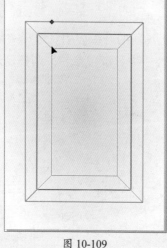

图 10-109

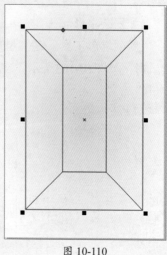

图 10-110

7. 图纸工具

"图纸工具"可以绘制出不同行、列数的网格对象。

选择"图纸工具" ，在属性栏中设置行数和列数，单击并拖动鼠标绘制出网格，如图10-111所示。按Ctrl+U组合键取消组合对象，此时网格中的每个格子成为一个独立的图形。选择任意一个，在属性栏中可以设置转角模式、圆角半径等参数，在调色板中单击即可填充颜色，使用"选择工具" 可以调整格子的位置，如图10-112所示。

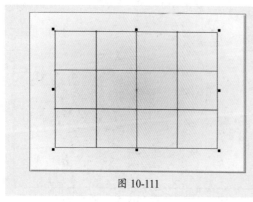

图 10-111

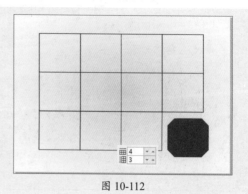

图 10-112

10.2.4 基本填充对象颜色

使用调色板、"颜色"泊坞窗、颜色滴管工具、属性滴管工具、智能填充工具等可以填充对象。

1. 调色板

调色板分为默认调色板和文档调色板。

- **默认调色板**：这是多个色样的集合，位于工作界面最右侧。执行"窗口"|"调色板"|"调色板编辑器"命令，在弹出的对话框中单击"编辑颜色"按钮，如图10-113所示。在弹出的"选择颜色"对话框中可编辑颜色，如图10-114所示。
- **文档调色板**：创建新文件时，系统会自动生成一个空调色板，位于工作界面状态栏上方。在绘图中使用一种颜色时，该颜色会自动添加到文档调色板中，单击即可应用。

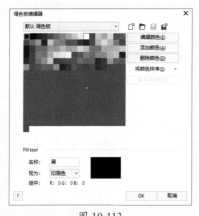

图 10-113

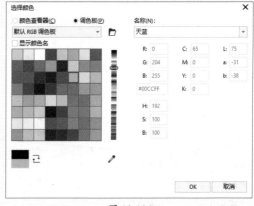

图 10-114

2. "颜色"泊坞窗

执行"窗口"|"泊坞窗"|"颜色"命令，弹出"颜色"泊坞窗，如图10-115所示，在其中可以进行颜色设置。

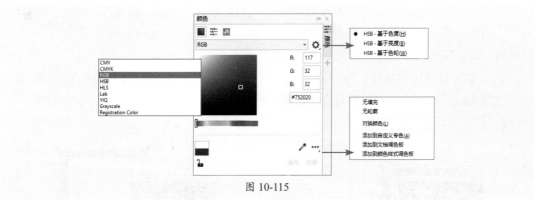

图 10-115

3. 颜色滴管工具

"颜色滴管工具"可以从对象上吸取颜色。

选择"颜色滴管工具" ，将光标放在任意位置都会显示其颜色参数，如图10-116所示。单击取样后，光标从 变为 形状，单击即可填充对象，如图10-117所示。

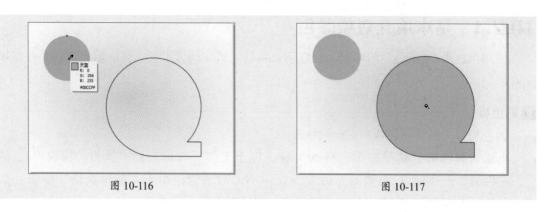

图 10-116   图 10-117

4. 属性滴管工具

"属性滴管工具"可以对对象的属性（轮廓、填充、变换和效果）进行取样。

选择"属性滴管工具" ，在属性栏中单击"属性""变换"或"效果"，展开工具菜单，选取想要取样的属性的复选框，如图10-118～图10-120所示。取样后的应用效果如图10-121所示。

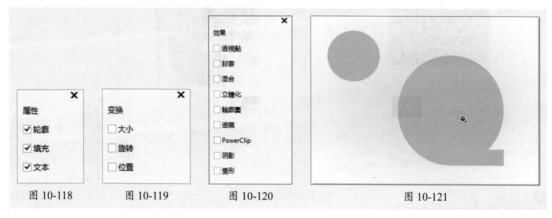

图 10-118   图 10-119   图 10-120   图 10-121

5. 智能填充工具

"智能填充工具"可将任意闭合的区域创建为对象并对其进行填充。选择"智能填充工具" ，显示其属性栏，如图10-122所示。

图 10-122

在属性栏中设置参数后，将光标移动到要填充的区域并单击，填充效果如图10-123所示。被填充的区域作为独立图形存在，使用"选择工具"即可移动，如图10-124所示。

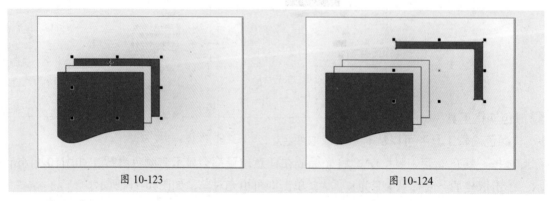

图 10-123   图 10-124

10.2.5　交互式填充对象颜色

"交互式填充工具"可完成任意角度的纯色、渐变、图案等形式的填充。选择"交互式填充工具" ◇，在属性栏中可以设置填充类型，如图10-125所示。

图 10-125

1. 均匀填充

均匀填充可以对对象应用纯填充色。

选中要填充的图形，选择"交互式填充工具" ◇，在属性栏中单击"均匀填充"按钮 ■，可在属性栏的"填充色"下拉列表中选择颜色进行填充。在属性栏中单击"编辑填充"按钮 ，或直接双击状态栏中的填充色块，弹出"编辑填充"对话框，在其中可设置自定义颜色。也可以在"名称"下拉列表中选择预设颜色，如图10-126所示。

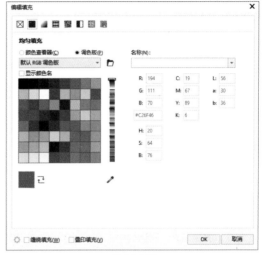

图 10-126

2. 渐变填充

渐变填充是两种或两种以上颜色过渡的效果，可以在填充渐变的任何位置定位这些颜色。它主要包含四种类型。

● **线性渐变填充**：默认填充类型，沿着对象做直线流动。

● **椭圆形渐变填充**：产生光线落在圆锥上的效果。

● **圆锥形渐变填充**：从对象中心以同心椭圆的方式向外扩散。

● **矩形渐变填充**：以同心矩形的形式从对象中心向外扩散。

以线性渐变填充为例，选中要填充的对象，在属性栏中单击"渐变填充"按钮 ，再单击起点和终点色块设置颜色，按住色块拖动可调整渐变角度，拖动中间的滑块，可调整渐变比例，双击可添加中间色，如10-127所示。在属性栏中单击"自由缩放和倾斜"按钮 ，使填充不按比例倾斜或延展显示，如图10-128所示。

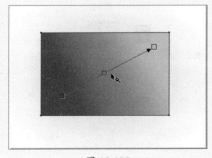

图 10-127

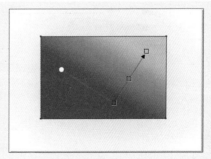

图 10-128

237

3. 向量图样填充

向量图样填充是将大量重复的图案以拼贴的方式填入对象中。

4. 位图图样填充

位图图样填充可以将位图对象作为图样填充在矢量图形中。

5. 双色图样填充

双色图样填充可以在预设列表中选择一种黑白双色图样，然后通过分别设置前景色和背景色区域的颜色来改变图样效果。

6. 底纹填充

底纹填充是应用预设底纹填充，可创建各种自然界中的纹理效果。

7. PostScript 填充

PostScript填充是一种由PostScript语言计算出来的花纹填充方式，这种填充纹路细腻，占用空间也不大，适用于较大面积的花纹设计。

10.2.6　填充对象轮廓线

按F12键或者在状态栏中双击"轮廓笔"按钮，在弹出的对话框中可以调整图形对象的轮廓宽度、颜色以及风格等属性，如图10-129所示。

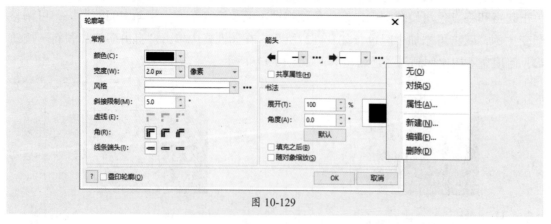

图 10-129

图10-130、图10-131所示为更改轮廓颜色、宽度、风格等参数的前后效果对比。

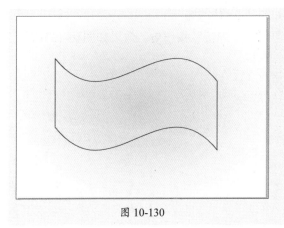

图 10-130

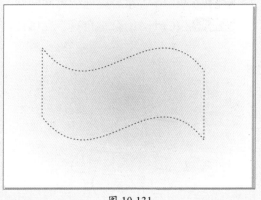

图 10-131

轮廓线不仅用于图形对象,同时也用于绘制的曲线线条。在绘制有指向性的曲线线条时,有时会需要为其添加合适的箭头样式。

操作提示
在"属性"泊坞窗中可设置轮廓、填充、透明度、效果等参数。

10.3 特效与效果的添加

本节主要对特效与效果的添加方法进行讲解。使用特效工具可以为图形对象添加特效,执行"效果"命令可以为位图添加效果。

10.3.1 案例解析:绘制创意图形

在学习特效与效果的添加之前,可以跟随以下操作步骤了解并熟悉如何使用"自由变换工具""变形工具""混合工具"等绘制创意图形。

步骤 01 选择"椭圆形工具",绘制椭圆,如图10-132所示。

步骤 02 选择"自由变换工具",在属性栏中单击"应用到再制"按钮 ,绕椭圆中心旋转30%,如图10-133所示。

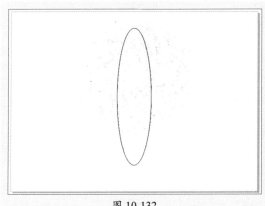

图 10-132

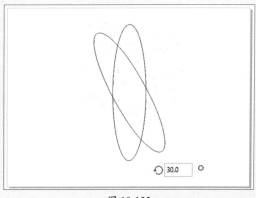

图 10-133

步骤 **03** 按Ctrl+D组合键连续再制椭圆，如图10-134所示。

步骤 **04** 按Ctrl+A组合键全选，在属性栏中单击"焊接"按钮 🔁，效果如图10-135所示。

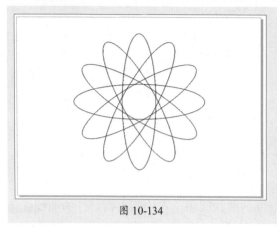

图 10-134

图 10-135

步骤 **05** 选择"变形工具"，在属性栏中依次单击"拉链变形"按钮 ✿ 和"平滑变形"按钮 ⬯，拖动鼠标进行变形操作，如图10-136所示。

步骤 **06** 按Ctrl+C组合键复制图形，按Ctrl+V组合键粘贴图形，按住Shift键等比例缩小图形，效果如图10-137所示。

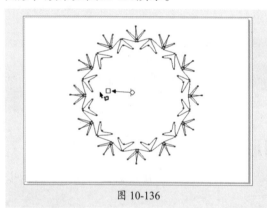

图 10-136

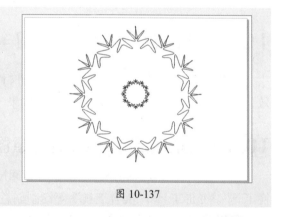

图 10-137

步骤 **07** 按Ctrl+A组合键全选图形，选择"混合工具"创建混合，如图10-138所示。

步骤 **08** 在属性栏中设置参数，如图10-139所示。

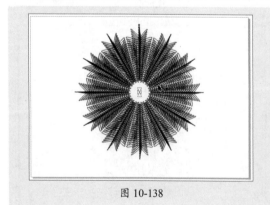

图 10-138

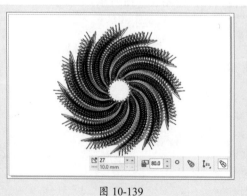

图 10-139

步骤 09 使用"选择工具"选中内部图形，设置轮廓颜色为（R:0、G:91、B:194），如图10-140所示。

步骤 10 使用"选择工具"选中外部图形，设置轮廓颜色为（R:191、G:228、B:255），单击任意位置取消选择，最终效果如图10-141所示。

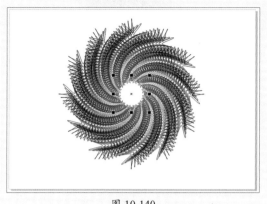

图 10-140

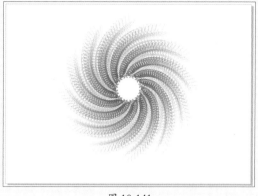

图 10-141

10.3.2 为图形添加特效

在绘制图形的过程中，可结合阴影、混合、变形、封套、立体化工具为图形对象添加特效。

1. 阴影工具

"阴影工具"可以手动拖动或使用预设来为对象添加阴影和内阴影。选择"阴影工具"❏，拖动创建阴影，激活属性栏参数。

图10-142、图10-143所示分别为"平面右下"和"透视左上"阴影效果。

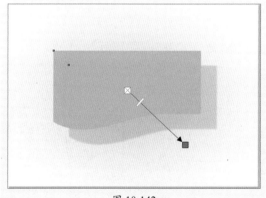

图 10-142

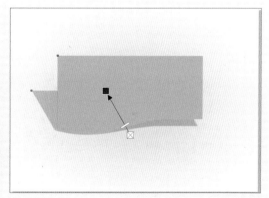

图 10-143

2. 混合工具（调和工具）

"混合工具"可以通过创建渐变的中间对象和颜色调和对象。

使用绘图工具绘制各个对象后，选择"混合工具"❧，在图形上单击并拖动到另一个图形，如图10-144所示；释放鼠标创建混合，如图10-145所示。

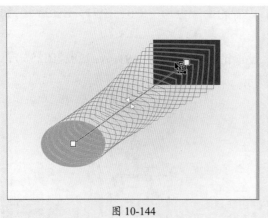

图 10-144

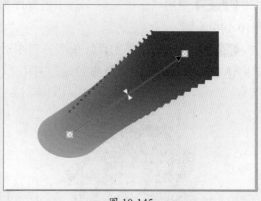

图 10-145

操作提示

　　执行"窗口"|"泊坞窗"|"效果"|"混合"命令，在弹出的泊坞窗中可对调和对象的步长、加速、颜色调和等选项进行调整。

3. 变形工具

　　"变形工具"可以通过推拉、拉链或扭曲效果变形对象。

　　1）推拉变形

　　推拉变形是通过推入和外拉边缘使对象变形。

　　选择"变形工具" ✿，属性栏中默认为"推拉变形" ✚，在图形对象上推拉可使图像变形。向左方推入，振幅为负，效果为扩充，如图10-146所示。向左外拉，振幅为正，效果为收缩。

　　单击"居中变形"按钮 ✤，对象的居中变形效果如图10-147所示。

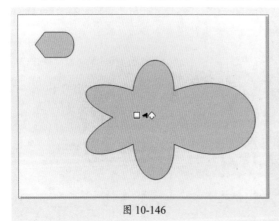

图 10-146

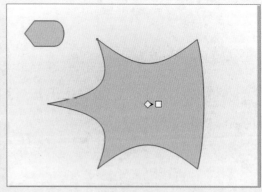

图 10-147

　　2）拉链变形

　　拉链变形是将锯齿效果应用到对象边缘。选择"变形工具" ✿，在属性栏中单击"拉链变形"按钮 ✿，拖动创建拉链变形，释放鼠标后的效果如图10-148所示。单击"平滑变形"按钮 ✿，变形效果如图10-149所示。

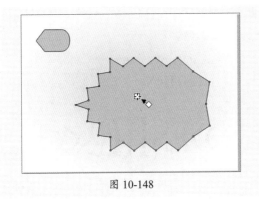

图 10-148

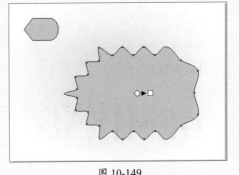

图 10-149

3）扭曲变形

扭曲变形是通过旋转对象应用旋涡效果。选择"变形工具"✿，拖动创建扭曲变形，释放鼠标后效果如图10-150所示。在"完整旋转"数值框○中设置参数，确定变形的完整旋转次数，效果如图10-151所示。

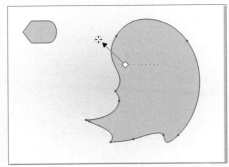

图 10-150

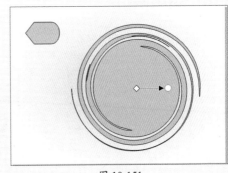

图 10-151

4. 封套工具

"封套工具"是通过应用封套并调节封套节点更改对象的形状。在该工具的属性栏中，可以选择多种封套模式。

- **非强制模式：**创建任意形式的封套，可自由改变节点的属性以及添加或删除节点，如图10-152所示。
- **直线模式：**基于直线创建封套，为对象添加透视点，如图10-153所示。

图 10-152

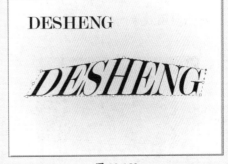

图 10-153

- **单弧模式：** 创建一边带弧形的封套，形成凹面结构或凸面结构外观，如图10-154所示。
- **双弧模式：** 创建一边或多边带S形的封套，如图10-155所示。

图 10-154

图 10-155

5. 立体化工具

"立体化工具"是向对象应用3D效果以创建深度错觉。

使用"矩形工具"绘制矩形，选择"立体化工具" ⊕ ，拖动创建立体化效果，如图10-156、图10-157所示。

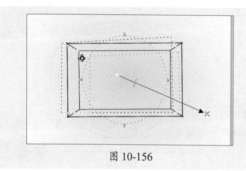

图 10-156

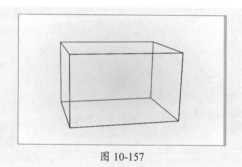

图 10-157

10.3.3　为位图添加效果

位图效果是基于像素的，可以将位图效果同时应用于向量和位图。导入位图后，可在"效果"菜单中选择效果。

1. 调整

"调整"组中的子命令可以调整位图的颜色和色调。子命令效果功能介绍如下。

- **自动调整：** 根据图像的对比度和亮度进行快速的自动匹配。图10-158、图10-159所示为应用效果前后对比图。

图 10-158

图 10-159

- **图像调整实验室：** 可快速调整图像的颜色和色调。执行该命令，在弹出的对话框中设置参数，如图10-160所示。
- **高反差：** 保留阴影和高亮度显示细节的同时，调整位图的色调、颜色和对比度。执行该命令，在弹出的对话框中设置参数。
- **局部平衡：** 提高边缘附近的对比度，以显示明亮区域和暗色区域中的细节，如图10-161所示。

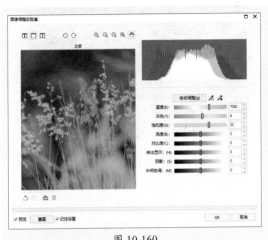 

图 10-160　　　　　　　　　　　　　　　图 10-161

- **取样/目标平衡：** 使用从图像中选取的色样来调整位图中的颜色值。
- **调和曲线：** 控制单个像素值，精确调整图像中的阴影、中间值和高光的颜色，从而快速调整图像的明暗关系，如图10-162所示。
- **亮度/对比度/强度：** 调整所有颜色的亮度以及明亮区域与暗调区域之间的差异。
- **颜色平衡：** 可在图像原色的基础上根据需要添加其他颜色，或通过增加某种颜色的补色以减少该颜色的数量，从而改变图像的色调，如图10-163所示。

图 10-162　　　　　　　　　　　　　　　图 10-163

- **伽马值：** 可用于展现低对比度图像中的细节，而不会严重影响阴影或高光。
- **色度/饱和度/亮度：** 更改图像中的颜色倾向、色彩的鲜艳程度以及亮度。
- **所选颜色：** 通过更改位图中青、品红、黄、黑色像素的百分比更改颜色。
- **替换颜色：** 通过改变图像中部分颜色的色相、饱和度和明暗度，从而达到改变图像

- **取消饱和：** 可以将彩色的图像变为黑白效果，如图10-164所示。
- **通道混合器：** 将图像中某个通道的颜色与其他通道的颜色进行混合，使图像产生混合叠加的合成效果，从而起到调整图像色彩的作用，如图10-165所示。

图 10-164　　　　　　　　　　　　　　图 10-165

②. 相机

"相机"组中的子命令可以模仿各种相机镜头产生的效果。子命令效果功能介绍如下。

- **着色：** 可将图像中的所有颜色替换为单一颜色（或色度），创建各种单色图像，如图10-166所示。
- **照片过滤器：** 可模拟将彩色滤镜放在相机镜头前面的效果。
- **棕褐色色调：** 模拟用褐色胶片拍摄照片时的外观。
- **延时：** 选择不同延时时间长度，可设计七种流行的摄影风格，图10-167所示为应用铂金处理摄影技术的效果。

图 10-166　　　　　　　　　　　　　　图 10-167

③. 鲜明化

"鲜明化"组中的子命令可以为图像添加锐化效果以聚焦和增强边缘。该子命令效果功能介绍如下。

- **适应非鲜明化：** 通过分析相邻像素的值来突出边缘细节。
- **定向柔化：** 增强图像的边缘，同时不会产生粒度效果。
- **高通滤波器：** 消除图像细节和着色，通过突出高光和发光区域来使图像具有发光的效果。

● **鲜明化**：通过聚焦模糊区域和增大相邻像素之间的对比度来突出图像边缘。

● **非鲜明化遮罩**：突出图像中的边缘细节和对焦模糊区域，同时保留低频区域。

操作提示

　　导入位图后，在属性栏中单击"编辑位图"按钮[ِ，在弹出的Corel PHOTO-PAINT对话框中可润饰和增强图像效果，以及创建原始位图插图和绘画等，详细操作过程可执行"帮助"|"产品帮助"命令后进行了解学习。

课堂实战 绘制立体几何图案

　　本章课堂实战练习绘制几何图案，可综合练习本章的知识点，以熟练掌握和巩固路径绘图工具以及调整工具的使用。下面将进行操作思路的介绍。

步骤01 选择"多边形工具"，绘制六边形，在属性栏中更改"对象大小"为120mm，如图10-168所示。

步骤02 复制粘贴六边形两次，在属性栏中分别更改"对象大小"为95mm和70mm，如图10-169所示。

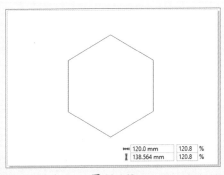

图 10-168

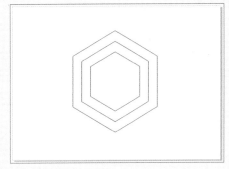

图 10-169

步骤03 选择"2点线工具"，连接三个六边形的部分节点，如图10-170所示。

步骤04 选择"智能填充工具"，分别填充不同颜色以增强空间感，如图10-171所示。

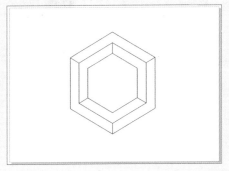

图 10-170

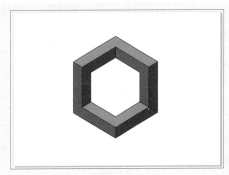

图 10-171

课后练习 制作拼贴诗歌海报

下面将综合使用文字、绘制以及变形、填充工具制作文字拼贴海报，效果如图10-172所示。

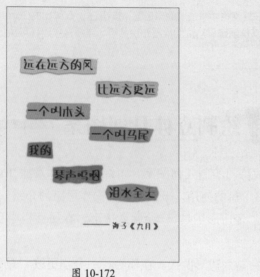

图 10-172

1. 技术要点

①选择"文字工具"输入文字。

②选择"折线工具"绘制闭合路径，调整顺序后，使用"变形工具"平滑变形。

③选择"阴影工具"添加阴影。

2. 分步演示

演示步骤如图10-173所示。

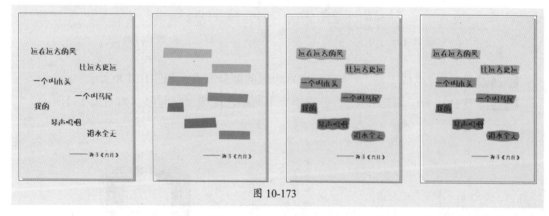

图 10-173

古早的复制与粘贴：印刷

　　印刷术是中国古代劳动人民的四大发明之一。它开始于唐朝的雕版印刷术，经宋仁宗时代的毕昇发展、完善，产生了活字印刷。

1. 雕版印刷

　　雕版印刷的版料，一般选用纹质细密坚实的木材，如枣木、梨木等。然后把木材锯成一块块木板，把要印的字写在薄纸上后反贴在木板上，再根据每个字的笔画，用刀一笔一笔雕刻成阳文，使每个字的笔画凸出在板上。木板雕好以后，就可以印书了，如图10-174所示。（图源：《国宝档案》）

图 10-174

2. 活字印刷

　　活字印刷术的发明是印刷史上一次伟大的技术革命。活字印刷的方法是先制成单字的阳文反文字模，再按照稿件把单字挑选出来，排列在字盘内，涂墨印刷。印完后，再将字模拆出，留待下次排印时再次使用，如图10-175所示。（图源：搜狗百科）

图 10-175

参考文献

[1] 姜侠，张楠楠. Photoshop CC图形图像处理标准教程[M]. 北京：人民邮电出版社，2016.

[2] 周建国. Photoshop CC图形图像处理标准教程[M]. 北京：人民邮电出版社，2016.

[3] 孔翠，杨东宇，朱兆曦. 平面设计制作标准教程Photoshop CC+Illustrator CC[M]. 北京：人民邮电出版社，2016.

[4] 沿铭洋，聂清彬. Illustrator CC平面设计标准教程[M]. 北京：人民邮电出版社，2016.